2023 年 9 月，王杰获第十二届湖南省青年科技奖

“杂交水稻之父”袁隆平院士早期科研工作第一助手、杂交水稻“野败”发现者李必湖教授

野败与杂交稻

主 编◎王 杰

电子科技大学出版社
University of Electronic Science and Technology of China Press
·成都·

图书在版编目（CIP）数据

野败与杂交稻 / 王杰主编 . —成都：成都电子科大出版社，2024.4

ISBN 978-7-5770-0879-0

Ⅰ. ①野…　Ⅱ. ①王…　Ⅲ. ①水稻－杂交育种－研究 Ⅳ. ① S511.035.1

中国国家版本馆 CIP 数据核字（2024）第 011808 号

野败与杂交稻

YEBAI YU ZAJIAODAO

王　杰　主编

策划编辑　陈　亮
责任编辑　罗国良

出版发行　电子科技大学出版社
成都市一环路东一段 159 号电子信息产业大厦九楼　邮编 610051
主　　页　www.uestcp.com.cn
服务电话　028-83203399
邮购电话　028-83201495

印　　刷　三河市九洲财鑫印刷有限公司
成品尺寸　170mm×240mm
印　　张　15　彩插 2 页
字　　数　278 千字
版　　次　2024 年 4 月第 1 版
印　　次　2024 年 4 月第 1 次印刷
书　　号　ISBN 978-7-5770-0879-0
定　　价　78.00 元

野败与杂交稻

编 委 会

序

2020年12月，欣闻我的学生王杰带领团队着手撰写《野败与杂交稻》一书。前些日子，他当面向我汇报并请我为本书作序，我感到十分高兴。

我于1964年考入湖南省安江农业学校，跟随袁隆平老师学习农作物栽培。1966年我毕业留校任袁老师的助手，从而成为我国第一个从事杂交水稻研究的科研小组中的一员。1970年，我在海南岛发现雄花败育的普通野生稻"野败"，实现了杂交水稻"三系"配套，这也成为世界杂交水稻研究的历史转折点。1973年，我有幸与袁隆平等一起在世界上首次育成强优势杂交水稻品种。1988年，我指导助手邓华凤育成世界上第一个光温敏核不育系"安农S-1"及系列组合，标志着两系法杂交稻研发成功。通过50多年的努力，我国杂交水稻科学家在三系法、两系法的基础上研发出亩产量直逼1200公斤的超级稻，还成功研发了低镉稻、盐碱稻、节水抗旱稻、特种常规稻等一大批新型稻种质资源，让中国杂交水稻育种技术在世界上保持着领先地位。

我国杂交水稻成功养活了全国14亿人，让中国人的饭碗牢牢端在自己手中，全面保障了国家粮食安全；杂交水稻推广与应用已覆盖全球70多个国家，为促进全球粮食安全发挥了积极作用。如今我已将接力棒传给我的学生，真心祝愿学生能超过老师，希望学生与中国水稻科学家一道并肩作战、奋发图强、勇攀科学高峰，继续发扬我国杂交水稻科研团队的优良传统，为全人类的吃饭问题做出新贡献。

李必湖

2023年12月

李必湖

李必湖教授是共产党员，正厅级干部，博士生导师，研究员；中共十一大、十二大代表，第九届、十届全国人大代表；是共和国勋章获得者、杂交水稻之父、中国工程院院士袁隆平早期科研团队的学生和第一助手；是我国第一批享受国务院政府特殊津贴的农业技术科学家，被评为“国家级有突出贡献的科技专家”。曾荣获国家特等发明奖、国家科技进步三等奖、全国先进工作者、全国优秀农业科技工作者、中华农业英才奖、湖南光召科技奖等国家级奖项。2019年10月，获得中共中央、中央军委、国务院联合授予的“庆祝中华人民共和国成立70周年”纪念章。

前言

笔者师从杂交水稻之父袁隆平院士早期科研工作第一助手、杂交水稻“野败”发现者李必湖教授，深受恩师指导和教诲，谨记“低调做人，认真做事”的为人处世理念。这一理念深深感染着自己和身边的每一个“种业人”。

此刻，我们有机会把“野败”与杂交稻的故事和成果编在一本集子里。信手翻开，才发现辑文成册很有必要，这就像把文字变成一颗颗沙砾，铺就在我们历经的生活之路上。沙砾上留下了一串串歪歪扭扭的脚印，那是我们记录在生活日记中最好的印迹。当我们回过头来，会看见那些若隐若现的印迹，揭开我们所有的记忆。

我们在虬枝中攀折，试图将杂乱不堪的枝条理顺，让枯木能够逢春。这本书即将出版，它记录着“野败”的心路历程，释放着我们的酸辣苦涩。或许书中还有几许梦想，那是我们的希冀和期盼。

本书中的品种信息及推广面积由中国水稻研究所国家水稻数据中心统计，数据权威，仅限作科学研究，不能作商业用途。

最后，真诚感谢恩师李必湖教授为本书作序，为本书封面题字；感谢中国水稻研究所国家水稻数据中心鄂志国老师的鼎力支持；感谢湖北农业科学院原院长刘定富教授为“野败”发现的过程进行的整理；感谢湖南粮安科技股份有限公司为本书出版提供的经费支持；感谢各位副主编、编委为本书出版承担的相应工作！因编者水平有限，书中难免有不妥之处，敬请读者批评指正！

王 杰

2023 年 12 月

目录

第一章

“野败”的发现和杂交水稻“三系”配套的经过

李必湖

1. “野败”的发现

今天借这个机会，谈一谈我这一生中最光亮的事件——发现“野败”的详细经过。

1973年，我被派往湖南农学院（现湖南农业大学）深造，那时杂交水稻“三系”已经配套了。3年后大学毕业，我回归社会，正值杂交水稻大面积推广。农业部在湖南衡阳召开全国杂交水稻晚稻现场会，宣布全国推广杂交水稻228万亩（1亩≈667平方米），单产增加2～3成，没说增产的绝对数量。我应邀参加了那次会议。

从那以后，全国关于“野败”的发现有六个版本！第一个说法是我散步发现的，第二个说法是游泳发现的，第三个说法是钓鱼钓起来的，第四个说法是“解手”碰到的，第五个说法是去羊栏镇买米回来在路边发现的，第六个说法是冯克珊发现后我去鉴定的。我只能说，这六个版本都是“误传”。

真实的情况是：1970年11月23日上午10点半左右，崖县（今三亚市）南红农场技术员冯克珊赶着牛车应邀来到我们课题组的驻地，带我们去找野生稻。袁隆平老师当时带着6年多的研究资料，带着栽培稻中寻找的雄性不育突变体研究中的疑惑，去北京向中国科学院遗传研究所、中国农科院的专家，特别是鲍文奎教授等请教，在海南南红农场基地的是我和尹华奇、周坤炉三位助手。于是，我坐上冯克珊的牛车，走了约3里路，来到一铁路桥边。冯克珊指着沟里一片杂草，对我说：“李老师，你看，这就是野生稻，你在这里观察，我去干事了。”彼时，他用牛车拉稻子去了，因为他们正在收农场的晚稻。

那片野生稻就在公路、铁路交会处的一片沼泽地里。我站在沟边仔细观察，不到半个小时，我发现离我观察的地方约20米处有3株穗子明显不一样，别的穗子开花是鲜黄色的，那3穗是白色的。我心想：“这是雄花不育稻穗”，内心非常高兴！为了证明我的判断，我向水里打了一阵石头，赶走了沼泽地的水蛇和蚂蟥，而后脱下长裤，小心翼翼地走近那3株稻穗。定睛一看，

证明我的判断是正确的，真是雄花不育野生稻。3 穗之间有一点距离，我顺着 3 穗的茎秆向下摸，发现它们长在一个稻蔸上，只是不同的分蘖！

我们研究水稻雄花不育，所期望的雄花不育应该是能遗传的，不是获得性的。怎么判断是遗传的还是获得性的呢？那就要做杂交，若后代再有雄花不育出现，就是遗传的；若再没有雄花不育出现，就是获得性的。化学杀雄出现的雄花不育就是获得性的。

既然要做杂交，就得把它搬回家。我小心翼翼地挖起雄花不育野生稻的稻蔸，为了避免根受伤便于栽活，不能洗稻蔸上的泥巴。我脱下上衣将稻蔸包起来，这个稻蔸估计有 20 多斤重，搬运途中我歇了几趟气，才把它搬到试验地，并栽在空白处。

我摘取几朵未开放的小花，带回驻地用显微镜检查花粉的育性情况。那时，我们不论到哪里都带着显微镜，在云南时也是带着的。我取野生稻花药放在玻片上，加上碘化钾溶液，在显微镜下一看，有花粉，但全是败育的，证明这株野生稻是花粉败育型不育株。

由于搬动过程中根伤影响，这株野生稻第二天没有开花，第三天开始开花，但不集中。我搬了一个做水稻杂交用的“T”形凳，坐在野生稻旁“守株待花”（守花待开），一有花开，就给它做杂交。当时整个试验地仅有一个籼稻品种“广矮 3784”在开花，其他的品种花期已过。连续 4 天我共做了 65 朵小花。后因起风、鸟害、落粒等因素，仅收获 5 粒种子。

做完杂交以后袁隆平老师从北京回来，我向他报告，他听后很高兴，问：“在哪里？”我告诉他：“在试验田里。”他又问：“做了花粉镜检没有？”我回答：“做了，花粉全部败育。”他说：“你带我去看看”。袁老师看了“野败”不育株后很高兴，连声说：“高级、高级、高级！”（“高级”是当时用于赞赏的流行语）袁老师还亲自取了小花，回驻地后亲自做了复检，证实花粉全部败育，并将这株野生稻定名为“野败”，即野生稻雄花败育株。这就是“野败”不育株发现的真实过程。

2. “野败”的分享

1970 年冬至 1971 年春，这是我们第二年在南红农场进行“南繁”。“野败”株上的种子因休眠不能播种，那时也没有打破休眠的药剂，我们采用稻茎节扦插的办法，把“野败”稻蔸分成了 46 株，后长成三大片。

当时，有江西萍乡农科所的颜龙安、江西赣州农科所的伍仁山、湖北原种场的杨 ××、上海的刘金龙跟着袁老师学习杂交水稻。我们毫无保留地把“野败”植株和栽培稻亲本材料提供给他们做杂交，甚至把我们做的杂交种子或“野败”稻蔸分出去，什么专利、成果都不考虑，目的是“争速度，抢时间”。这可以说是杂交水稻“大协作”的开端。

3. 保持系的发现

在保持系的发现上，被江西省萍乡农科所颜龙安团队博得头彩。

1971 年 9 月下旬，萍乡农科所颜龙安的材料虽未进行“遮光”处理，但却抽穗开花了，完全不育，鉴定出二九矮、珍汕 97 等对“野败”不育株具有保持能力。颜龙安给袁老师打来电话，袁老师去萍乡作了现场考察并指导他们做了回交。

袁老师从江西萍乡一回来，急促地问我：“我们还有‘战备种子’没有？”我回答：“有。”袁老师安排赶紧去海南播种，我们的“野败”杂交种子在 1971 年 12 月开了花，多数组合都表现出几乎全不育，证明所用父本大多数具有保持能力。袁老师和周坤炉继续用二九南等栽培品种进行杂交、回交，1973 年 6 月育成二九南 1 号 A、71-72A 及其保持系，也算是第一批培育出了“野败”雄性不育系和保持系，为杂交水稻的突破奠定了坚实的基础。

4. 恢复系的发现

“野败”不育株及后来育成的“野败”不育系，用中国品种测交，1972年的两个季节都没有找到恢复系。1973年8月，广西农学院张先程、广西农科院李丁民、广西钦州农科所郑恒受三个团队，几乎同时测交出泰引1号、IR24、IR661、古154等强优势恢复系，使中国实现籼型杂交水稻“三系”配套。

1973年10月，袁老师在苏州召开的水稻科研会议上，发表了《利用“野败”选育“三系”的进展》的论文，正式宣告了我国籼型杂交水稻“三系”配套成功。

5. 天　时

杂交水稻的成功，关键是“野败”的发现。有人说，“野败”的发现是偶然的，是运气。其实不然，袁老师“三人研究组”转向野生稻研究，起点并不是“野败”的发现。我们是什么时候转向野生稻研究的呢？我们是1970年春决定的。1970年是杂交水稻研究关键的一年，这一年发生了三件大事，可以说是天时、地利、人和。

天时，我们坚持了6年的水稻雄性不育研究，没有找到保持系，可以说是“山穷水尽”。袁老师从栽培稻中找到的不育株，用当地品种杂交后，总是可育，找不到保持系。1970年1月，袁老师召集我们三人开了一个会，分析不成功的原因，共同认为不能吊死在一棵树上，要广开思路，广辟途径，寻找新的雄性不育材料选育“三系”。袁老师提出了要走远缘杂交之路，即生态远缘、血缘远缘、系统发育远缘，即野生稻。

1970年春节，袁老师去了华南农学院，拜见了生态实验室主任丁颖教授团队（丁教授虽然仙逝但因历史原因暂未更换主任），获得了普通野生稻、疣粒野生稻和药用野生稻3个种野生稻的种子。回来后播种栽培，一直停留在营养生长阶段，不抽穗开花。那时我们对野生稻很陌生，不知道做“短光照”处理。所以，冬季去海南南繁，一个任务就是寻找野生稻。没有正确思想的指引，就不会去找野生稻；没有长期观察雄性不育株的“慧眼”，可能见到了“雄性不育野生稻”，也会跟没见到一样。“野败”的发现得益于袁老师1970年春在云南召开的“雄性不育研思会”。

6. 地　　利

地利，就是我们到海南南红农场进行南繁，那里有野生稻，先一年是在云南进行南繁的。根据袁老师的研究思路，研究组到达海南后要搜集当地的野生稻资源，开展研究。于是，我们先问农场的工人“哪里有野生稻”，工人都说“没有”。这让我们犯迷糊，不是说“海南岛野生稻非常普遍吗”？于是又问农场技术员冯克珊，冯克珊说：“这里到处都是野生稻。”原来海南当地人称“野生稻”为“假禾”，农民不懂普通话，不知道“野生稻”为何物。于是我同冯克珊约定，他方便时给我们带路去找野生稻。这就是冯克珊给我带路去找野生稻的来由。

1970年11月23日之前，参加杂交水稻研究的只有“师徒四人”，除了袁老师，还有尹华奇、周坤炉和我，冯克珊不是研究组的成员，他是应我邀请带路的。他把我送到铁路桥旁就赶着牛车走了，去收晚稻谷子了。

7. 人　　和

1970年6月16日，湖南省委和湖南省革命委员会在常德地区召开了湖南省第二次农业学大寨科技经验交流会。会议期间省委书记观看了杂交水稻研究展览后，认为“很有前途”，点名大会安排袁隆平发言。

1971年4月，湖南省成立杂交水稻研究协作组，袁老师抽调到湖南省农科院工作。1972年，农业部成立全国杂交水稻研究协作组。之后，杂交水稻

“三系”配套很快就完成了。

1975 年 10 月，中央领导在中南海听取了湖南省农科院副院长陈洪新的汇报，安排了 150 万元专项资金给湖南和广东，于是便有了 1976 年杂交水稻的大面积推广。

注：

野败，野生的雄性败育稻，国际上称为 WA。1970 年，袁隆平在为远缘杂交收集野生资源过程中，李必湖（当时为袁隆平助手）于 1970 年 11 月 23 日在海南岛南红农场发现了一株雄性不育野生稻（后被命名为“野败”），为水稻雄性不育系的选育、“三系”杂交水稻的研究成功打开了突破口。

据国家水稻数据中心（ricedata.cn）统计，截至 2022 年 12 月 31 日，国家和省级累计审定“野败”型杂交稻组合 2799 个。其中，以单年推广面积 10 万亩（含）以上的品种统计，自 1982 年以来，“野败”型杂交稻累计应用面积占全部杂交稻（含两系）面积的 55.36%，占全部“三系”杂交稻面积的 65.02%。

第二章

“野败”型杂交稻品种目录

表 1 “野败”型杂交稻品种目录

品种名	母本	父本	类型	亚种	审定编号	面积 / 万亩
汕优 63	珍汕 97A	明恢 63	野败	籼	川审稻 1 号；滇引籼杂 1 号；鄂审稻 003-1987；GS01004-1989；闽审稻 1984001；黔稻 30 号；180；苏种审字第 49 号；皖品审 87010043；湘品审第 20 号；粤审稻 1985004；浙品认字第 068 号	93963
汕优 64	珍汕 97A	测 64-7	野败	籼	川认定品种；桂审证字第 048 号；GS01015-1990；211；湘品审（认）第 145 号；渝农作品审稻第 4 号；粤审稻 1986002；浙品审字第 027 号	19370
威优 64	威 20A	测 64-7	野败	籼	川审稻 2 号；鄂审稻 002-1987；桂审证字第 049 号；闽审稻 1986002；110；湘品审第 8 号	17796
汕优 2 号	珍汕 97A	IR24	野败	籼	赣审稻 1987019；GS01009-1984；闽审稻 1983011；79-17；粤审稻 1978024	14937
汕优 6 号	珍汕 97A	IR26	野败	籼	闽审稻 1983012；湘品审（认）第 2 号；浙品认字第 012 号	13408
威优 6 号	威 20A	IR26	野败	籼	GS01021-1984；闽审稻 1983014；79-16；湘品审（认）第 1 号；粤审稻 1978025	11289
汕优 10 号	珍汕 97A	密阳 46	野败	籼	GS01012-1990；湘品审（认）第 168 号；韶审稻第 200409 号；浙品审字第 051 号	9244
金优 207	金 23A	先恢 207	野败	籼	鄂审稻 020-2002；桂审稻 2001103 号；黔品审 243 号；陕引稻 2002002；湘品审第 225 号	7715
汕优桂 33	珍汕 97A	桂 33	野败	籼	桂审证字第 036 号；GS01006-1989；闽审稻 1990001；皖品审 87010044；湘品审（认）第 146 号	7166
金优 402	金 23A	R402	野败	籼	鄂审稻 006-2002；赣审稻 1999004；桂审稻 2001072 号；湘品审第 199 号	6535
威优 46	威 20A	密阳 46	野败	籼	湘品审第 34 号	6297
汕优桂 99	珍汕 97A	桂 99	野败	籼	桂审证字第 062 号；湘品审（认）第 170 号；粤审稻 1997010	5800
特优 63	龙特甫 A	明恢 63	野败	籼	桂审证字第 089 号；GS01005-1994；闽审稻 1993001；苏种审字第 207 号	5783
博优 64	博 A	测 64-7	野败	籼	桂审证字第 061 号；GS01001-1990；粤审稻 1990005；琼审稻 1990003	5031

续表

品种名	母本	父本	类型	亚种	审定编号	面积 / 万亩
汕优多系1号	珍汕 97A	多系 1 号	野败	籼	川审稻 45 号；国审稻 980010；闽审稻 1996003；黔品审 135 号	4578
汕优 77	珍汕 97A	明恢 77	野败	籼	国审稻 980005；闽审稻 1997002；湘品审（认）第 172 号	3933
威优 77	威 20A	明恢 77	野败	籼	GS01004–1994；闽审稻 1991001；湘品审第 119 号	3851
博优桂 99	博 A	桂 99	野败	籼	桂审证字第 087 号；粤审稻 1997009	3623
金优桂 99	金 23A	桂 99	野败	籼	滇特（红河）审稻 200504 号；桂审证字第 153 号；黔品审 247 号；湘品审第 136 号	3540
金优 974	金 23A	To974	野败	籼	赣审稻 2001001；桂审稻 2001080 号；湘品审第 249 号	3149
天优华占	天丰 A	华占	野败	籼	鄂审稻 2011006；国审稻 2012001；国审稻 2011008；国审稻 2008020；黔审稻 2012009 号；粤审稻 2011036	3064
五优 308	五丰 A	广恢 308	野败	籼	国审稻 2008014；粤审稻 2006059；梅审稻 2004005	2953
金优 463	金 23A	To463	野败	籼	赣审稻 2003022；桂审稻 2001074 号；湘审稻 2004005	2794
汕优晚 3	珍汕 97A	晚 3	野败	籼	鄂审稻 003–1998；闽审稻 1998B02（莆田）；黔品审 154 号；374；皖品审 98010231；湘品审（认）第 171 号	2758
天优 998	天丰 A	广恢 998	野败	籼	赣审稻 2005041；国审稻 2006052；粤审稻 2004008	2715
中浙优1号	中浙 A	航恢 570	野败	籼	赣引稻 2006008；黔审稻 2011005 号；琼审稻 2012004；湘审稻 2008026；浙审稻 2004009	2581
新香优 80	新香 A	R80	野败	籼	鄂审稻 2004016；闽审稻 2001004；湘品审第 201 号	2445
金优 77	金 23A	明恢 77	野败	籼	赣审稻 2001013；桂审稻 2001096 号；黔品审 246 号	2341
汕优桂 34	珍汕 97A	桂 34	野败	籼	桂审证字第 047 号；湘品审（认）第 169 号；湘品审（认）第 151 号；粤审稻 1987002	2334
Q 优 6 号	Q2A	R1005	野败	籼	鄂审稻 2006008；国审稻 2006028；黔审稻 2005014 号；湘审稻 2006032；渝审稻 2005001；粤种引稻 2010001	2258

续表

品种名	母本	父本	类型	亚种	审定编号	面积 / 万亩
威优 402	威 20A	R402	野败	籼	桂审稻 2001068 号；国审稻 990020；湘品审第 75 号；浙品审字第 122 号	2006
威优 49	威 20A	测 64-7-49	野败	籼	桂审证字第 084 号；湘品审第 18 号	1881
威优 48	威 20A	测 48-2	野败	籼	湘品审第 40 号	1842
T 优 207	T98A	先恢 207	野败	籼	鄂审稻 2006009；赣审稻 2005036；桂审稻 2001065 号；黔审稻 2002002 号；XS011-2003	1835
特优 559	龙特甫 A	盐恢 559	野败	籼	黔品审 219 号；苏种审字第 240 号	1765
中浙优 8 号	中浙 A	T-8	野败	籼	粤审稻 20220121；黔审稻 2017011；浙审稻 2006002	1760
博Ⅱ优 15	博Ⅱ A	HR15	野败	籼	国审稻 2003001；琼审稻 2003001；粤审稻 200109	1647
金优 928	金 23A	R928	野败	籼	鄂审稻 004-1998	1576
博优 253	博 A	测 253	野败	籼	桂审稻 200002 号；国审稻 2003038	1540
丰源优 299	丰源 A	湘恢 299	野败	籼	湘审稻 2004011	1536
金优 725	金 23A	绵恢 725	野败	籼	川审稻 2002001；鄂审稻 011-2002；陕引稻 2003004；皖品审 03010382；渝引稻 2005007	1525
威优 35	威 20A	二六窄早	野败	籼	GS01002-1989；闽审稻 1986001；湘品审第 7 号；浙品认字第 066 号	1352
川优 6203	川 106A	成恢 3203	野败	籼	川审稻 2011002；鄂审稻 2014007；国审稻 2014016	1318
博优 998	博 A	广恢 998	野败	籼	桂审稻 2003022 号；国审稻 2003040；粤审稻 200116	1285
威优 647	威 20A	R647	野败	籼	桂审稻 2001086 号；湘品审（认）第 173 号	1207
金优 63	金 23A	明恢 63	野败	籼	桂审稻 2001098 号；黔品审 221 号；陕引稻 2002001；湘品审第 172 号	1200
威优 63	威 20A	明恢 63	野败	籼	闽审稻 1988006；湘品审（认）第 150 号	1190
特优 524	龙特甫 A	R524	野败	籼	桂审稻 200031 号；粤审稻 1997004	1177
川香优 2 号	川香 29A	成恢 177	野败	籼	川审稻 2002003；国审稻 2003051；黔引稻 2006018 号；韶审稻第 200706 号	1109
博优 3550	博 A	广恢 3550	野败	籼	桂审稻 200053 号；粤审稻 1997005	1092

续表

品种名	母本	父本	类型	亚种	审定编号	面积 / 万亩
汕优 559	珍汕 97A	盐恢 559	野败	籼	苏种审字第 290 号	1062
汕优 36 辐	珍汕 97A	IR36 辐	野败	籼	桂审证字第 086 号；GS01002-1993；闽审稻 1998B03（莆田）；黔品审 111 号；湘品审第 99 号；浙品认字第 179 号	1051
威优 1126	威 20A	R1126	野败	籼	湘品审第 41 号	1043
威优辐 26	威 20A	华联 2 号	野败	籼	湘品审第 74 号	1024
五丰优 T025	五丰 A	昌恢 T025	野败	籼	赣审稻 2008013；国审稻 2010024	1011
淦鑫 688	天丰 A	昌恢 121	野败	籼	赣审稻 2006032；湘引种 201026 号	1006
辐优 838	辐 74A	辐恢 838	野败	籼	川审稻 73 号	994
汕优 30 选	珍汕 97A	30 选	野败	籼	桂审证字第 001 号	960
深优 9516	深 95A	R7116	野败	籼	粤审稻 2010042；韶审稻 201207	959
特优 838	龙特甫 A	辐恢 838	野败	籼	桂审稻 200034 号	942
博优 49	博 A	测 64-49	野败	籼	桂审证字第 083 号	935
威优 644	威 20A	R644	野败	籼	湘品审第 203 号	923
秋优 998	秋 A	广恢 998	野败	籼	桂审稻 2003023 号；国审稻 2004001；粤审稻 2002011	900
金优 117	金 23A	常恢 117	野败	籼	滇特（红河）审稻 2008012 号；恩审稻 001-2002；赣审稻 2004013；黔审稻 2006003 号；黔引稻 2004005 号；陕审稻 2004001；皖品审 07010607；XS012-2003；渝引稻 2005006；梅审稻 2007001；韶审稻第 200401 号	850
欣荣优华占	欣荣 A	华占	野败	籼	川审稻 20180017；赣审稻 2013009；国审稻 2013021；湘审稻 2013024	849
汕优 3550	珍汕 97A	广恢 3550	野败	籼	桂审稻 2001023 号；粤审稻 1990006	831
博Ⅲ优 273	博Ⅲ A	R273	野败	籼	桂审稻 2004020 号；粤审稻 2010029	812
特优 175	龙特甫 A	N175	野败	籼	闽审稻 2000009	809
绵 2 优 838	绵 2A	辐恢 838	野败	籼	鄂审稻 013-2002；国审稻 2004005	807

续表

品种名	母本	父本	类型	亚种	审定编号	面积 / 万亩
丰优香占	粤丰 A	R6547	野败	籼	滇特（红河）审稻 200406 号；鄂审稻 2004009；国审稻 2003056；黔审稻 2005004 号；陕审稻 2004002；苏审稻 200201；渝审稻 2005003；豫审稻 2004004	794
金优 458	金 23A	R458	野败	籼	赣审稻 2003005；国审稻 2008007	770
荆楚优 148	荆楚 814A	R148	野败	籼	鄂审稻 017-2002；国审稻 2006049	765
金优 38	金 23A	冈恢 38	野败	籼	鄂审稻 2004011；国审稻 2009025	755
五优华占	五丰 A	华占	野败	籼	赣审稻 2013007；桂审稻 2013036 号；湘审稻 2014021	745
汕优 82	珍汕 97A	明恢 82	野败	籼	桂审稻 2001012 号；闽审稻 1998002	726
H 优 518	H28A	51084	野败	籼	国审稻 2011020；湘审稻 2010032	690
汕优 36	珍汕 97A	IR36	野败	籼	桂审证字第 002 号；粤审稻 1984001	675
金优 527	金 23A	蜀恢 527	野败	籼	川审稻 2002002；国审稻 2004012；陕引稻 2003003	665
汕优 89	珍汕 97A	早恢 89	野败	籼	闽审稻 1996002	664
汕优 72	珍汕 97A	明恢 72	野败	籼	川认定品种；闽审稻 1994001；皖品审 94010134	649
特优 18	龙特甫 A	玉 18	野败	籼	桂审证字第 133 号；国审稻 990023	646
博优 258	博 A	测 258	野败	籼	桂审稻 2003018 号	633
Q 优 1 号	115A	绵恢 725	野败	籼	滇特（红河）审稻 200501 号；滇特审（文山）稻 200507 号；渝审稻 2002001 号	629
丰源优 272	丰源 A	华恢 272	野败	籼	国审稻 2006048	620
丰优丝苗	粤丰 A	广恢 998	野败	籼	赣审稻 2005018；粤审稻 2003003	619
汕优桂 32	珍汕 97A	桂 32	野败	籼	桂审证字第 046 号；闽审稻 1990002	615
汕优 22	珍汕 97A	CDR22	野败	籼	川审稻 43 号	614
博Ⅱ优 968	博Ⅱ A	968	野败	籼	桂审证字第 145 号；闽审稻 2002E01（漳州）	585
桃优香占	桃农 1A	黄华占	野败	籼	国审稻 20210307；湘审稻 2015033；渝审稻 20210016	578
特优 009	龙特甫 A	南恢 009	野败	籼	国审稻 2005001；闽审稻 2004012；闽审稻 2002H01（南平）	573

续表

品种名	母本	父本	类型	亚种	审定编号	面积/万亩
川香 9838	川香 29A	辐恢 838	野败	籼	川审稻 2004012；渝引稻 2007009	565
枝优桂 99	枝 A	桂 99	野败	籼	桂审证字第 131 号	554
特优 70	龙特甫 A	明恢 70	野败	籼	桂审稻 200038 号；国审稻 2001011；闽审稻 1999007	553
特优 128	龙特甫 A	R128	野败	籼	桂审稻 2001037 号；琼审稻 2005007	550
金优 253	金 23A	测 253	野败	籼	桂审稻 200020 号	535
威优 974	威 20A	To974	野败	籼	桂审稻 2001081 号	532
T78 优 2155	T78A	明恢 2155	野败	籼	桂审稻 2005003 号；闽审稻 2006001；粤审稻 2006051；梅审稻 2004003	528
旱优 73	沪旱 7A	旱恢 3 号	野败	籼	鄂审稻 20210001；桂审稻 2021221 号；皖稻 2014024	515
先农 16 号	新香 A	蓉恢 906	野败	籼	滇审稻 200523 号；赣审稻 2003013；国审稻 2003064	497
汕优 287	珍汕 97A	水原 287	野败	籼	245；湘品审（认）第 147 号	492
秋优桂 99	秋 A	桂 99	野败	籼	桂审稻 200015 号	490
金优 191	金 23A	R191	野败	籼	桂审稻 2001092 号	488
川香优 6 号	川香 29A	成恢 178	野败	籼	国审稻 2005016	482
特优航 1 号	龙特甫 A	航 1 号	野败	籼	国审稻 2005007；闽审稻 2003002；粤审稻 2008020；浙审稻 2004015	475
广 8 优 165	广 8A	GR165	野败	籼	国审稻 20190071；黔审稻 20220031；粤审稻 2013042	461
五丰优 615	五丰 A	广恢 615	野败	籼	粤审稻 2012011	456
汕优 149	珍汕 97A	成恢 149	野败	籼	川审稻 57 号；黔品审 254 号	456
威优晚 3	威 20A	晚 3	野败	籼	湘品审第 137 号	453
先农 3 号	金 23A	先恢 1 号	野败	籼	赣审稻 2005008	451
汕优 016	珍汕 97A	福恢 016	野败	籼	闽审稻 1991002	445
特优多系 1 号	龙特甫 A	多系 1 号	野败	籼	桂审证字第 152 号；国审稻 2001013；闽审稻 1998004	440
Q 优 5 号	Q2A	成恢 047	野败	籼	国审稻 2005011；渝审稻 2004001 号	436
汕优 4480	珍汕 97A	R4480	野败	籼	粤审稻 1997003	434
T 优 898	T98A	R898	野败	籼	赣审稻 2005080	434

续表

品种名	母本	父本	类型	亚种	审定编号	面积 / 万亩
天优 122	天丰 A	广恢 122	野败	籼	国审稻 2009029；粤审稻 2005022	430
天优 3301	天丰 A	闽恢 3301	野败	籼	国审稻 2010016；闽审稻 2008023；琼审稻 2011015	428
特优 721	龙特甫 A	R721	野败	籼	粤审稻 2002009	426
金优晚 3	金 23A	晚 3	野败	籼	赣审稻 2001014；黔品审 220 号；373	423
秋优 1025	秋 A	桂 1025	野败	籼	桂审稻 200016 号；国审稻 2003010	420
四优 6 号	V41A	IR26	野败	籼		412
恒丰优华占	恒丰 A	华占	野败	籼	赣审稻 2016030；桂审稻 2016006 号；国审稻 20190074；湘审稻 2016018；粤审稻 2014033；韶审稻 201212	405
金优 284	金 23A	华恢 284	野败	籼	赣审稻 2005046；国审稻 2006050；陕引稻 2009004 号；湘审稻 2005026	401
科优 21	湘菲 A	湘恢 529	野败	籼	鄂审稻 2010025；黔审稻 2011006 号；湘审稻 2007030	398
T 优 180	T98A	R180	野败	籼	湘审稻 2005029	388
T 优 111	T98A	湘恢 111	野败	籼	湘审稻 2004013	387
威优 207	威 20A	先恢 207	野败	籼	桂审稻 2001102 号；湘品审第 251 号	380
博优 1025	博 A	桂 1025	野败	籼	桂审稻 200017 号；国审稻 2003039	378
博优 96	博 A	R96	野败	籼	粤审稻 1998007	375
T 优 300	T98A	R300	野败	籼	滇特（普洱、文山）审稻 2012003 号；滇特（红河）审稻 2008011 号；湘审稻 2005017；渝引稻 2007001	374
博优 175	博 A	玉恢 175	野败	籼	桂审证字第 134 号	364
特优 627	龙特甫 A	亚恢 627	野败	籼	闽审稻 2005010	362
T 优 272	T98A	华恢 272	野败	籼	国审稻 2007029；黔审稻 2009009 号；陕引稻 2009006 号；湘审稻 2007024	346
汕优 85	珍汕 97A	台 8-5	野败	籼	浙品审字第 043 号	336
兆优 5431	兆 A	R5431	野败	籼	鄂审稻 2015010；桂审稻 2020206 号；国审稻 20210059	334
T 优 259	T98A	R259	野败	籼	XS010-2003	326
特优 253	龙特甫 A	测 253	野败	籼	桂审稻 2001030 号	321
汕优 78	珍汕 97A	明恢 78	野败	籼	闽审稻 1994002	319
湘优 66	湘菲 A	湘恢 66	野败	籼	国审稻 2008015；黔审稻 2005016 号	315

续表

品种名	母本	父本	类型	亚种	审定编号	面积 / 万亩
博优 210	博 A	R210	野败	籼	粤审稻 1995001	314
广 8 优金占	广 8A	金占	野败	籼	粤审稻 2014031	314
鄂籼杂 1 号	珍汕 97A	092-8-8	野败	籼	鄂审稻 001-1996	310
广 8 优 169	广 8A	GR169	野败	籼	粤审稻 2012008	309
天丰优 316	天丰 A	汕恢 316	野败	籼	国审稻 2009024；闽审稻 2013E01（漳州）；粤审稻 2006031	307
特优 77	龙特甫 A	明恢 77	野败	籼	桂审稻 2001119 号；闽审稻 1998E01（漳州）	301
汕优直龙	珍汕 97A	直龙	野败	籼	粤审稻 1987001	301
五优 662	五丰 A	R662	野败	籼	赣审稻 2012010	287
特优 103	龙特甫 A	漳恢 103	野败	籼	闽审稻 2007007	286
金优 433	金 23A	P433	野败	籼	湘审稻 2008008	282
汕优 669	珍汕 97A	R669	野败	籼	赣审稻 1999008；闽审稻 1997004	280
T 优 706	T98A	R706	野败	籼	赣审稻 2003023	278
Q 优 2 号	Q1A	成恢 047	野败	籼	赣审稻 2006071；国审稻 2004017；渝审稻 2002002 号	278
恒丰优 387	恒丰 A	R387	野败	籼	黔审稻 20180005；粤审稻 2013014	276
T 优 6135	T98A	R6135	野败	籼	赣审稻 2005057；国审稻 2006019；国审稻 2004034	275
丰优 9 号	丰源 A	R9 号	野败	籼	国审稻 2004024；XS054-2002	274
丰源优 227	丰源 A	湘恢 227	野败	籼	国审稻 2009030；湘审稻 2005032	273
博优 752	博 A	科恢 752	野败	籼	赣审稻 1999007；桂审稻 2001025 号	272
中浙优 10 号	中浙 A	06 制 7-10	野败	籼	滇审稻 2016016 号；桂审稻 2014035 号；浙审稻 2012014	272
辐优 802	辐 74A	川恢 802	野败	籼	川审稻 89 号；渝引稻 2005002	271
川香稻 5 号	川香 29A	成恢 761	野败	籼	川审稻 2004017；渝引稻 2005011	270
汕优 70	珍汕 97A	明恢 70	野败	籼	闽审稻 2000010	270

续表

品种名	母本	父本	类型	亚种	审定编号	面积 / 万亩
南优 2 号	二九南 1 号 A	IR24	野败	籼	79–13	266
T 优 463	T98A	To463	野败	籼	赣审稻 2005081；桂审稻 2004005 号	263
天优 8 号	天丰 A	广恢 8 号	野败	籼	鄂审稻 2007012；赣审稻 2006026；豫审稻 2006006	263
深优 9586	深 95A	R8086	野败	籼	湘审稻 2011031	262
威优红田谷	威 20A	红田谷	野败	籼	闽审稻 1983016	262
特优 86	龙特甫 A	明恢 86	野败	籼	桂审稻 200057 号；闽审稻 2002G01（三明）	262
金优 706	金 23A	R706	野败	籼	赣审稻 2005079；湘审稻 2005005	261
金优 213	金 23A	R213	野败	籼	赣审稻 2005006；湘审稻 2004008	257
威优 48–2	威 20A	测早 2–2	野败	籼	浙品审字第 071 号	254
博优香 1 号	博 A	香恢 1 号	野败	籼	桂审稻 2001021 号	253
特优 898	龙特甫 A	武恢 898	野败	籼	闽审稻 2000013	247
天优 368	天丰 A	广恢 368	野败	籼	粤审稻 2005025	242
广 8 优 2168	广 8A	GR2168	野败	籼	桂审稻 2019165 号；粤审稻 2012007	241
汕优 402	珍汕 97A	R402	野败	籼	桂审稻 2001071 号	240
川香 858	川香 29A	泸恢 8258	野败	籼	川审稻 2006001；湘引种 201019 号	240
金优 555	金 23A	R555	野败	籼	湘审稻 2006008	239
五优 1573	五丰 A	跃恢 1573	野败	籼	赣审稻 2014020	237
天丰优 3550	天丰 A	广恢 3550	野败	籼	桂审稻 2006045 号；粤审稻 2006040	232
汕优 96	珍汕 97A	R96	野败	籼	粤审稻 1994003	231
金优 2155	金 23A	明恢 2155	野败	籼	桂审稻 2004007 号；闽审稻 2005002；陕审稻 2005001	231
金优 71	金 23A	R71	野败	籼	赣审稻 2001004	229
隆晶优 1 号	隆晶 4302A	华恢 2855	野败	籼	桂审稻 2020054 号；国审稻 20216160；国审稻 20206245；湘审稻 2015042	227
T 优 7889	T78A	早恢 89	野败	籼	闽审稻 2001002	225

续表

品种名	母本	父本	类型	亚种	审定编号	面积/万亩
川香8号	川香29A	成恢157	野败	籼	川审稻2004014；国审稻2010042；国审稻2008009；豫审稻2007009	223
威优30	威20A	IR30	野败	籼	闽审稻1983015	223
神农大丰稻101	金23A	R166	野败	籼	赣审稻2005011	219
T优15	T98A	R15	野败	籼	国审稻2007005	217
Q优108	Q1A	Q恢108	野败	籼	国审稻2006077	216
又香优龙丝苗	又香A	龙丝苗	野败	籼	赣审稻20210051；桂审稻2019117号；国审稻20210334；湘审稻20220059；粤审稻20220122	215
天优103	天丰A	金恢103	野败	籼	湘审稻2013004；粤审稻2006061	213
五丰优569	五丰A	G569	野败	籼	湘审稻2011034	212
T优618	T98A	R611	野败	籼	黔引稻2007001号；湘审稻2006035；渝引稻2010001	212
矮优S	二九矮4号A	S	野败	籼	川审稻7号	211
深优957	深95A	α-7	野败	籼	国审稻2010027；闽审稻20180002；粤审稻2011015	209
福优325	福伊A	恩恢325	野败	籼	恩审稻004-2001；国审稻2003070；黔引稻2006016号	207
T优227	T98A	湘恢227	野败	籼	湘审稻2005013	206
特优1012	龙特甫A	测1012	野败	籼	桂审稻2001015号	204
特优582	龙特甫A	桂582	野败	籼	桂审稻2009010号	203

（数据来源国家水稻数据中心）

第三章

“野败”型“三系”杂交组合推广200万亩以上的品种名录

1. 汕优 63

亲本来源：珍汕 97A（♀）明恢 63（♂）

选育单位：三明市农业科学研究所

完成人：谢华安

品种类型：籼型三系杂交水稻

适种地区：安徽、重庆、福建、广东、广西、贵州、海南、河南、湖北、湖南、江苏、江西、陕西、四川、云南、浙江

1990 年国家审定，编号：GS01004—1989

特征特性：株高 100 ～ 110 厘米，株形适中，叶片稍宽，剑叶挺直，叶色较淡，茎秆粗壮，分蘖力较强，每公顷有效穗 270 万穗（每亩有效穗 18 万穗），每穗 120 ～ 130 粒，结实率 80% 以上，千粒重 29 克，抗稻瘟病，中抗白叶枯病和稻飞虱。

产量表现：该组合在 1982—1983 年参加南方杂交晚稻区域试验，平均每公顷产量分别为 7236 千克和 6472.5 千克（亩产 482.4 千克和 431.5 千克），居参试组合的第一位和第二位，比对照汕优 2 号分别增产 22.5% 和 5.59%，1984 年参加南方杂交中稻区域试验，平均每公顷产量 8809.5 千克（亩产 587.3 千克），居参试组合的第一位，比对照威优 6 号增产 19.7%。

2. 汕优 64

亲本来源：珍汕 97A（♀）测 64—7（♂）

选育单位：浙江省种子公司，武义县农业局，杭州市种子公司

完成人：陈昆荣，孙家沪，黄烈文，朱其时，徐旭增

品种类型：籼型三系杂交水稻

适种地区：浙江、湖南、江西、湖北等省

种植收益：汕优64组合是根据浙江省杂交晚稻组合单一，生育期偏长，抗性下降，产量不稳的情况，由浙江省种子公司主持组织武义县农业局和杭州种子公司经过广泛测配，于1986年冬在海南选配而成。经1984—1985年两年省区试和生产试验，具有早熟、产量高；抗稻瘟病，秧龄弹性大，分蘖力强，省肥，好种的特点。一般亩产400千克以上。该组合1986年和1990年分别通过浙江省和全国品种审定委员会审定。除浙江省外，在湖南、广东、福建、湖北、江西、安徽等10个省、自治区均有较大面积种植。至1991年全国累计推广面积745.4万公顷，其中浙江省60.6万公顷，其增产稻谷5523.94千吨，农民增收397723.68万元。再加上省工、省成本、制种产量高，经济效益更为显著。汕优64属早熟中籼，适应性广，耐瘠性强，适宜于山区和中低产田种植。应掌握适时播种，稀播匀播，培育壮秧，合理密植，重施基肥，亩施标准肥不超过225千克（相当于尿素22.5千克），适时搁田，防止倒伏。

3. 威优64

亲本来源：威20A（♀）测64—7（♂）

选育单位：湖南省安江农业学校；湖南省杂交水稻研究中心

完成人：袁隆平

品种类型：籼型三系杂交水稻

适种地区：安徽、福建、广东、广西、海南、湖北、湖南、江西、陕西、四川、贵州、浙江、江苏

1987年湖北审定，编号：鄂审稻002—1987

品种来源：湖南省安江农校，V20A×测64

特征特性：该杂交种株高95～100厘米，株型紧凑，株叶型适中，叶片直立，长势较旺；分蘖力强，抽穗整齐；每亩有效穗20万～25万，成穗率62.7%；每穗总粒数120粒左右，结实率高，落色好，千粒重28～29克。属中熟偏早籼型杂交品种。作中稻栽培全生育期123～133天；作晚稻116天左右。中抗稻瘟病、白叶枯病、黄矮病、抗稻飞虱和稻叶蝉。适应性广，但在高

肥水平下易倒伏。品质经湖北省农科院测试中心分析，糙米率 81.23%，精米率 73.24%，整精米率 61.53%，垩白 0.8，直链淀粉含量 24.03%，胶稠度 29.5 毫米，蛋白质含量 8.5%。

产量表现：早熟中籼两年区域试验平均亩产 512.0 千克，比对照汕优 8 号增产 6.48%。早熟晚籼两年区域试验平均亩产 445.1 千克，比汕优 8 号增产 8.28%。

4. 汕优 2 号（汕优赣 2 号）

亲本来源：珍汕 97A（♀）IR24（♂）

选育单位：江西省萍乡市农业科学研究所

品种类型：籼型三系杂交水稻

适种地区：江西，广东

珍汕九七 A×IR24（黎崇道，1980）

1987 年江西认定，编号：赣审稻 1987019；1985 年国家审定，编号：GS01009—1984；1983 年福建审定，编号：闽审稻 1983011

品种来源：江西省萍乡市农科所于 1973 年用“珍汕 97”不育系与恢复系“IR24”组配的杂交水稻组合。

特征特性：属中稻型。在福建龙海县长福大队作双季早稻栽培，2 月 10 日播种，4 月 3 日插秧，7 月 16 日成熟。作双季晚稻栽培，7 月 11 日播种，8 月 4 日插秧，11 月 12 日成熟，全生育期 125 天，作单季晚稻栽培，全生育期 150 天左右。株高 90 ～ 100 厘米，株形紧凑。分蘖中等，茎秆粗壮，抗倒伏力强。主茎叶数早季 17.5 ～ 18.4 片，晚季 16.5 ～ 17 片。叶鞘基部和颖尖为紫褐色，剑叶短而上举，略呈瓦形。穗头比“四优 2 号”大，平均每穗 120 ～ 140 粒，结实率 86% ～ 90%，千粒重 26 ～ 27 克。谷粒椭圆形，米质比“四优 2 号”略差。较抗稻瘟病，中感纹枯病，易感白叶枯病。作双晚栽培，在龙海县还易感黄化型病毒性病害。

栽培要点：（1）稀播种、培育多蘖壮秧。一般秧田播种量 10 ～ 12.5 千克，早季秧龄 60 ～ 65 天，晚季 20 ～ 25 天，单季稻 40 ～ 50 天左右。（2）

科学施肥管水。施足基肥，早施分蘖肥，适时分次施用穗肥和根外追肥。在管水上，做到浅水促蘖，够苗烤田，中后期保持干干湿湿，有利壮秆保根增粒重。（3）搞好预测预报，防治纹枯病、白叶枯病、穗颈瘟、黄化型病毒和螟虫、卷叶虫、蓟马、稻飞虱等。

适应地区和产量水平：主要分布在福建省建阳、莆田、龙溪、龙岩、三明、福州等地市。一般亩产 425 ～ 450 千克，高的可达 600 ～ 650 千克。

5. 汕优 6 号

亲本来源：珍汕 97A（♀）IR26（♂）

选育单位：萍乡市农业科学研究所

品种类型：籼型三系杂交水稻

湘品审（认）第 2 号浙品认字第 012 号闽审稻 1983012

品种来源：江西省萍乡市农科所用“珍汕 97”不育系与恢复系“IR26”组配的杂交水稻组合。

特征特性：中稻型，偏感温。晋江以南低海拔地区能作早稻和连作晚稻栽培，其他地区区宜作晚稻和中稻栽培。作早稻栽培于 2 月中下旬播种，7 月中旬成熟，全生育期为 144 ～ 148 天。作连作晚稻栽培 6 月下旬播种，11 月上旬成熟，全生育期为 123 ～ 132 天。作中稻栽培 4 月下旬播种，9 月底至 10 月初成熟，全生育期为 150 ～ 160 天。株高 83 ～ 92 厘米，株形紧凑。根系发达，分蘖力较强，茎秆粗壮。主茎叶数 15 ～ 16 片。叶鞘、叶耳、稃尖、柱头均为紫红色。叶片窄、挺、厚、绿，剑叶伸展角小，后期转色好。稻穗弯形，每穗 106 ～ 126 粒，谷粒椭圆形，无芒，饱满，千粒重 24 ～ 26 克。米质较好，腹白较小，米饭胀性黏性中等，食味较好。落粒性中等。适应性广，抗逆性强，较耐寒、耐旱，较耐酸碱锈烂等不良土壤。抗白叶枯病，中抗稻瘟病和稻飞虱，不抗其他病虫害。

栽培要点：（1）稀播培育适育适龄壮秧。作连作晚稻栽培秧龄为 20 ～ 25 天或叶龄 6 ～ 7 片，每亩播种量以 10 ～ 12.5 千克为宜。若秧龄拖到 30 天或叶龄达到8片者，则每亩播9～10千克较好。（2）适当密植，合理用肥。插植密度每亩2万～2.4万丛，每丛2粒苗，每亩基本苗7万～10万（包括分蘖）。作早稻和中稻栽培，营养生长期较长，可略稀些。用肥上一般亩施纯氮12.5～15千克，并需增施有机肥和磷钾肥。基肥要足，追肥要早施，前期肥应占总施肥量的75%～80%，后期肥占20%～25%；在幼穗分化二期时应施1次幼穗分化肥，5～6期时施1次保花肥。（3）水管与病虫防治。掌握前期浅水促分蘖，亩茎蘖数达到20万时开始晒田，后期干干湿湿，到抽穗灌浆期保持浅水层，成熟期以后保持干湿相间，在成熟前8～10天断水。做好螟虫、稻飞虱、稻叶蝉、稻纵卷叶螟和白叶枯病的防治工作。

适应地区和产量表现：主要分布在福建宁德、建阳、龙岩、三明等地区。一般亩产400～500千克，高的达到600～650千克。

6. 威优6号

亲本来源：威20A（♀）IR26（♂）

选育单位：湖南省贺家山原种场

品种类型：籼型三系杂交水稻

1985年国家审定，编号：GS01021—1984；1984年湖南认定，编号：湘品审（认）第1号；1983年福建审定，编号：闽审稻1983014

品种来源：福建省莆田地区农科所于1975年，用湖南省贺家山原种场选育的“威20”不育系与“IR20”不育系与“IR26”组配的杂交水稻组合。

特征特性：属中稻型，偏感温性。在晋江以南低海拔地区能作早稻和连作晚稻栽培，其他地区宜作连作晚稻和中稻栽培。作早稻栽培于2月中旬成熟，全生育期为143～147天；作连作晚稻栽培于6月下旬～7月上旬播种，11月上旬成熟，全生育期为122～130天；作中稻栽培于4月中旬播种，9月底齐穗，全生育期为150～160天。株高78～89厘米，株形紧凑。根系发达，分蘖力较强，茎秆粗壮。主茎叶片15～16片，叶鞘、叶耳、稃尖、柱头均为紫红色。叶片较窄挺，伸展角度较小，后期叶片转色好。稻穗弯形，穗长

20～23厘米，每穗粒数100～135粒，结实率80%～92%。谷粒椭圆形，无芒，饱满，千粒重26～28克。腹白较小，米质较好，米饭胀性中等，食味好。谷粒落粒性中等。适应性广，抗逆性强，较耐不良土壤和不良气候，较抗白叶枯病，中抗稻瘟病和稻飞虱，不抗其他病虫害。

栽培要点：参照“威优3号”，但比“威优号3”省肥。

适应地区和产量水平：除福建龙溪、厦门两地（市）外，其余地市都有种植。一般亩产400～500千克，高的可达600～650千克。

7. 汕优10号（汕优46；汕优T28）

亲本来源：珍汕97A（♀）密阳46（♂）

选育单位：中国水稻研究所，浙江省台州市农业科学研究院

完成人：叶复初，陈玉虎，章善庆，应存山，增勤，孙宝龙，刘小川，熊振民，蔡洪法，曹之琼，陈昆荣，陈深广，方红明，刘守坎，许德信，林作平

品种类型：籼型三系杂交水稻

适种地区：福建、江西、云南、浙江、湖南、广东等地

1993年湖南认定，编号：湘品审（认）第168号

来源：湘西自治州农科所引进。

特征特性：株高105～125厘米，茎秆粗硬，分蘖力中等，株型紧凑，根系发达。剑叶短窄而挺直，叶色深绿，叶鞘紫色，叶下禾。穗长21～22厘米，每穗110～125粒，结实率86%左右。谷粒椭圆形，稃尖紫色，无芒，谷壳黄色，千粒重28克左右。作中稻栽培全生育期130～145天，作双晚120～125天。感温性强，耐寒、耐旱力强，耐肥抗倒。抗稻瘟病，中感纹枯病。

产量与品质：一般亩产450～500千克。出糙率75%左右，米质中等，食味较好。

分布及利用：1989年12月经湘西自治州农作物品种审定小组审定。1993年1月经湖南省农作物品种审定委员会认定。

栽培要点：作双晚栽培6月20～25日播种，亩插2万～2.2万穴。与早熟玉米、西瓜进行水旱轮作，于5月20～25日播种，亩插2～2.5穴。

8. 金优207

亲本来源：金23A（♀）先恢207（♂）

选育单位：湖南杂交水稻研究中心

完成人：王三良

品种类型：籼型三系杂交水稻

适种地区：广西中北部、湖南、江西、湖北以及贵州海拔700～1200米的稻瘟病无病区或轻病区

1994年春海南先恢207与金23A制种（许可等，2007）

2002年湖北审定，编号：鄂审稻020—2002

品种来源：湖南杂交水稻研究中心选育，金23A×207

特征特性：该品种属中熟籼型晚稻品种。全生育期118.2天，比对照汕优64短0.6天。株型适中，叶片较长，剑叶直立。分蘖力较弱，穗大粒多，部分谷粒有短顶芒。后期熟相好，不早衰。区域试验中亩有效穗21.4万，株高95.2厘米，穗长22.6厘米，每穗总粒数120.6粒，实粒99.4粒，结实率82.4%，千粒重26.36克。高感白叶枯病，感穗颈稻瘟病。糙米率79.4%，整精米率62.2%，长宽比3.1，垩白粒率19%，垩白度1.9%，直链淀粉含量24.1%，胶稠度51毫米，米质较优。

产量表现：2000—2001年参加湖北省晚稻品种区域试验，两年平均亩产494.40千克，比汕优64增产4.78%。2001年在石首、浠水等地试验、试种，比汕优64增产。

栽培要点：（1）适时播种、移栽。6月20日左右播种，秧龄不超过30天。（2）合理密植，插足基本苗。该品种分蘖力较弱，每亩应插足2万穴以上。（3）加强肥水管理。前期重施肥，促进分蘖，后期适当少施，防止倒伏。（4）注意防治病虫害。重点防治白叶枯病、稻瘟病和纹枯病。

适宜种植区域：适宜湖北省稻瘟病无病区或轻病区作晚稻种植。

9. 汕优桂 33

亲本来源：珍汕 97A（♀）桂 33（♂）

选育单位：广西农业科学院水稻研究所

品种类型：籼型三系杂交水稻

适种地区：华南地区作早 / 晚稻，长江流域作中稻 / 迟熟晚稻栽培

1990 年国家审定，编号：GS01006-1989；1990 年福建审定，编号：闽审稻 1990001；1990 年湖南认定，编号：湘品审（认）第 146 号

品种来源：恢复系 3624-33 是从 IR36×IR4 的杂种后代中经多代选育而成的。

1987 年安徽审定，编号：皖品审 87010044；1985 年广西审定，编号：桂审证字第 036 号

申请者：广西农科院水稻研究所

育种者：广西农科院水稻研究所

品种来源：汕优桂 33 是广西农科院水稻研究所 1981 年用珍汕 7 不育系与 IR36×IR24 杂交育成的恢复系桂 33（原编号 3624—33）配组而成的早籼迟熟杂交稻组合。

特征特性：株高 107 厘米，株型集散适中，叶片窄长挺直，每亩有效穗 16.4 万，每穗总粒数 147.5 粒，实粒数 125.9 粒，结实率 85.4%，千粒重 27.4 克。分蘖力强，繁茂性好，适应性广，对肥料利用率高。据试验每亩吸收 0.5 千克纯氮可生产稻谷 29.45 千克，比汕优 2 号多 3.15 千克。分蘖速度较快，分蘖高峰期比汕优 2 号早五天出现，全生育期和汕优 2 号、6 号相似或稍早。中抗稻瘟病和白叶枯病，纹枯病亦轻，抗褐稻飞虱。出糙率 80%，精米率 73%，完整米率 61.8%，含蛋白质 8.3%，淀粉 76%，脂肪 3.08%，米胶长度 29 毫米，直链淀粉含量 26.2%。但汕优桂 33 对稻瘟病的 B 群小种抗性稍差，耐肥抗倒不及汕优 2 号。

产量表现：1981—1982年在广西水稻研究所组合比较试验，早造亩产501～620千克，比对照汕优2号增产6.9%～10.2%；晚造亩产464.7～473.15千克，比对照汕优2号增产4%～13.09%。1982—1984年参加自治区区试，早造平均亩产505.75～517.75千克，比汕优2号增产2.3%～10%；中造平均亩产625千克，比汕优2号增产9.9%；晚造平均亩产423.05～434.2千克，比汕优2、6号增产1.3%～15.17%。1982—1983年参加南方杂交晚稻区试，平均亩产419.9～426.85千克，比汕优2号增产2.8%～8.4%。1983年参加全国生产试验，平均亩产417.25千克，比汕优2号增产3.6%。1982年，开始在玉林地区试种100亩，1983年种植15万亩，1984年全国种植约200万亩，其中广东83.8万亩，福建37万亩，广西80万亩，各地普遍反映亩产500千克左右。如广西陆川县马坡镇试种1000亩，亩产555千克；北流县隆盛镇移山村试种26亩，平均亩产640千克，勾漏乡印塘村种5.1亩，平均亩产652千克；广东高州县早稻表证亩产547.15千克，比汕优2号亩增87.9千克，增产19.13%；福建邵武市1983年种植1.75万亩，平均每亩比汕优2号增产50～70千克。

栽培要点：（1）培育多蘖壮秧，每亩插植2万蔸，保证返青成活有6万～8万基本苗。（2）多施农家肥做基肥，重施磷、钾肥，适施氮肥，施肥采用“前重、中补，后轻”的原则，每亩施纯氮量12.5千克左右，可获500千克产量。（3）搞好水分管理，适时露晒田，灌浆后保持田土干干湿湿，不要断水太早。（4）注意病虫害的防治。

10. 金优402

亲本来源：金23A（♀）R402（♂）

选育单位：湖南省安江农业学校；湖南省常德市农业科学研究所

完成人：唐显岩；李必湖；吴厚雄；许琨；杨远柱；李伊良；黄群策；刘东平；杨年春

品种类型：籼型三系杂交水稻

适种地区：湖南、湖北及江西中北部、广西中北部

2002年湖北审定，编号：鄂审稻006—2002

品种来源： 湖南省安江杂交水稻研究所，金23A×R402

特征特性： 该组合属迟熟籼型早稻。全生育期114天，比对照博优湛19长2天。株型较紧凑，剑叶较宽长且挺直。分蘖力强，生长势旺，穗大粒多，千粒重较高。后期落色好，抗倒性较强。区域试验中亩有效穗26.5万，株高86.5厘米，穗长20.6厘米，每穗总粒数107.4粒，实粒数79.2粒，结实率73.7%，千粒重26.45克。感白叶枯病，中感穗颈稻瘟病。糙米率80.8%，整精米率43.0%，长宽比3.2，垩白粒率97%，垩白度39.4%，直链淀粉含量26.9%，胶稠度42毫米。

产量表现： 1999—2000年参加湖北省早稻品种区域试验，两年平均亩产472.69千克，比博优湛19增产5.74%。2000—2001年在咸宁、黄冈、荆州等地试验、试种，比当地主栽品种增产。

栽培要点：（1）适时早播，及时移栽，插足基本苗。（2）施足底肥。（3）注意防治稻瘟病、纹枯病和稻飞虱。

适宜种植区域： 适宜湖北省作早稻种植。

11. 威优46

亲本来源： 威20A（♀）密阳46（♂）

选育单位： 湖南杂交水稻研究中心

完成人： 黎垣庆

品种类型： 籼型三系杂交水稻

适种地区： 湖南全省可作双季晚稻种植

1988年湖南审定，编号：湘品审第34号

“威优46”（V20A× 密阳46）是湖南杂交水稻研究中心配制的籼型杂交稻组合。作双晚栽培，株高90厘米左右，全生育期与“威优6号”基本相同，较耐肥抗倒，中抗稻瘟病，整精米率较高。单产比“威优6号”略高，可在全省种植。

12. 汕优桂 99

亲本来源：珍汕 97A（♀）桂 99（♂）

选育单位：广西农业科学院水稻研究所

品种类型：籼型三系杂交水稻

适种地区：广西、广东、湖南、江西

1997 年广东认定，编号：粤审稻 1997010

引种单位：肇庆市农业局从广西引进

特征特性：感温型杂交稻组合。全生育期晚造 118 天，株型好，分蘖力中等，叶色中浓，亩有效穗 19 万～21 万，每穗总粒数 108～131 粒，结实率高，为 96%～97%，千粒重 28～29 克，适应性广，后期熟色好。缺点是茎秆细，地面节较长，过肥或露晒田不够易倒伏。

产量表现：产量高，一般亩产 450～500 千克。

适宜范围：适宜我省中、下等肥力田作早、晚造种植。

栽培要点：（1）适当密植，亩插 2 万～2.2 万棵，6 万～7 万苗为宜。（2）早施分蘖肥，及时露晒田。（3）注意防治稻瘟病和细条病。

13. 特优 63

亲本来源：龙特甫 A（♀）明恢 63（♂）

选育单位：漳州市农业科学研究所

完成人：陈立新；林祥鹏；郑德兴；黄有容

品种类型：籼型三系杂交水稻

1995 年国家审定，编号：GS01005—1994

1994 年江苏审定，编号：苏种审字第 207 号

系江苏省扬州市种子公司、沿海地区农科所和盐城市种子公司从福建省漳

州市农科所引进的中熟杂交中籼稻组合，亲本为龙特浦 A 和明恢 63。

1991—1992 年参加该省杂交中籼稻区域试验，两年平均亩产 576.06 千克，比对照汕优 63 增产 1.52%，1993 年参加省杂交中籼稻生产试验，平均亩产 509.63 千克，比汕优 63 减少 1.05%，该组合全生育期 140 天左右，丰产性、稳定性、适应性较好，抗稻瘟病，不抗白叶枯病。可在苏北一带中籼稻地区中上等肥力条件下种植。

14. 博优 64

亲本来源：博 A（♀）测 64—7（♂）

选育单位：广西博白县农业科学研究所

完成人：王腾金；刘伟；刘弟英；李建旭；李衍和

品种类型：籼型三系杂交水稻

适种地区：广东、广西

广西博白县农科所王腾金自选的不育系博 A 与恢复系测 64—7 配制，于 1986 年育成（梁可品，1989）

1991 年国家审定，编号：GS01001—1990

1990 年海南审定，编号：琼审稻 1990003

1990 年广东认定，编号：粤审稻 1990005

品种来源：博 A（钢枝占 / 珍汕 97A 多次回交转育而成）× 测 64—7

特征特性：弱感光型晚稻杂交稻组合。晚造种植 125 天左右，株高 100 厘米左右，叶片较窄、厚直，株型集散适中。分蘖力强，属穗数型组合，一般亩有效穗 22 万～ 24 万，高达 27 万。抽穗较整齐，主蘖穗成熟一致。每穗总粒 100 ～ 120 粒，结实率 85% ～ 90%。谷粒细长，千粒重 22 ～ 23 克。米质透明，米饭柔软可口，食味好。耐肥抗倒，抗稻瘟病。该组合母本开花习性好，柱头外露率高，异交结实率高，制种产量高。缺点是易感纹枯病，中感细条病，后期遇低温叶片易变黄。

产量表现：该组合于 1987 年引入我省清远市试种，平均亩产 403.3 千克，比汕优桂 34 增产 3.65%，在稻瘟病区高产田试种，亩产 493.75 千克。

栽培要点：（1）疏播培育壮秧。本田亩用种量 1 千克，每科插 3 ～ 4 苗（含分蘖）亩插基本苗 6 万～ 8 万。（2）合理施肥，一般亩产 500 千克，需亩施纯氮 10 千克左右，并适当配合磷钾肥料，在施足基肥及早追肥的同时，后期要分别施用花肥和保花肥。（3）中期注意晒田，后期不宜过早断水，一般宜湿润灌溉至收获前 5 天左右才能断水。

省品审会意见：该组合是从广西引进的晚型组合，经三年试种，熟期适中，早生快发，有效穗多，容易栽培，稳产，米质较好，较抗稻瘟，适应性广，制种易，产量高。缺点是易感纹枯病和细条病，后期遇寒易黄叶，并有包颈现象。

15. 汕优多系 1 号

亲本来源：珍汕 97A（♀）多系 1 号（♂）

选育单位：内江市农业科学研究所

完成人：肖培村

品种类型：籼型三系杂交水稻

适种地区：四川平丘地区

1998 年国家审定，编号：国审稻 980010

特征特性：该品种全生育期 145 ～ 156 天。株高 110 厘米左右。有效穗 15 万～ 18 万 / 亩。每穗粒数 128 粒，结实率 88.7%，千粒重 27.2 克。糙米率 81.2%，精米率 73.6%，整精米率 67.3%，胶稠度 62，糊化温度 4.8，食味佳。高抗稻瘟病中感纹枯病。苗期耐寒。生长势旺。后期熟色好，不早衰，再生力强。

产量表现：1993—1994 年参加全国籼型杂交稻区域试验，分别公顷产量 8396 千克、9056 千克，较汕优 63 增产 4.3%、3.5%，两年平均公顷产量 8723 千克，较汕优 63 增产 3.45%，居参试种首位。已在四川、贵州、云南、湖南、湖北等省有较大面积种植。

栽培要点：（1）适时播种，稀播培育壮秧，秧龄35～45天。（2）大田栽培插密度23.3厘米×16.7厘米或26.6厘米×16.7厘米，每穴两粒种子苗。（3）重施底肥，早施追肥，注意氮、磷、钾肥搭配施用。

全国品审会意见：该品种属中籼迟熟三系杂交稻组合。具有抗病、高产、优质，适应性广的特点，已在南方稻区得到普遍应用。经审核，符合国家品种审定标准，审定通过。

16. 汕优77

亲本来源：珍汕97A（♀）明恢77（♂）

选育单位：三明市农业科学研究所

完成人：郑家团

品种类型：籼型三系杂交水稻

适种地区：福建、广东、湖南、广西、江西等省

1998年国家审定，编号：国审稻980005，品审会已于2009年终止推广

特征特性：该品种为籼型早熟杂交种。苗期较耐寒、分蘖力中等，后期耐高温。株高100厘米。在华南作早稻种植，全生育期128天，与汕优64基本相同。亩有效穗18万～20万，每穗着粒130～150粒，结实率80%以上，千粒重27克。抗性鉴定为中抗白叶枯病，感稻瘟病。经农业部稻米及制品质量监督检验测试中心测定：糙米率79.8%，精米率73.0%，整精米率59.9%，长宽比为2.2，垩白度7%，透明度2级，胶稠度54毫米，直链淀粉含量24.8%，蛋白质含量9.5%。

产量表现：在1995—1996年全国南方稻区中稻区试中，平均7559千克/公顷，比对照种威优64增产8.0%。在福建、广东、湖南、江西等省有较大种植面积。

栽培要点：（1）播种期：作早稻，3月上、中旬播种，秧龄30天左右。（2）栽插规格：16.7厘米×20厘米或20厘米×20厘米，每穴1～2粒种子苗。（3）施肥：施足底肥，早施追肥。本田施纯氮135～150千克/公

顷。氮、磷、钾比例为 1 ： 0.4 ： 0.5。

全国品审会意见：该品种属籼型早熟杂交水稻。丰产性好，中抗白叶枯病，感稻瘟病。适应性广，在福建、广东、湖南、广西、江西等省有较大面积种植。米质较好。经审核，符合国家品种审定标准，审定通过。

17. 威优 77

亲本来源：威 20A（♀）明恢 77（♂）

选育单位：三明市农业科学研究所

完成人：郑家团

品种类型：籼型三系杂交水稻

三明市农科所用 V20A 与明恢 77 配组而成的早稻中熟杂优组合（郑家团等，1990）

1995 年国家审定，编号：GS01004—1994，品审会已于 2009 年终止推广

1993 年湖南审定，编号：湘品审第 119 号

“威优 77”是郴州地区种子公司从福建三明市农科所引进的中熟晚籼杂交组合。全生育期比“威优 64”长 1 ～ 2 天。经鉴定中抗稻瘟病和白叶枯病，耐肥抗倒。米质较好。区试亩产 460 千克。可在全省推广。

1991 年福建审定，编号：闽审稻 1991001

18. 博优桂 99（博优 903）

亲本来源：博 A（♀）桂 99（♂）

选育单位：广西农业科学院水稻研究所

品种类型：籼型三系杂交水稻

适种地区：广东南部、广西

原名博优 903，是广西水稻研究所用恢复系桂 99 与不育系博 A 配组育成

的感光型晚籼组合（朱君霖，1992）

1997年广东认定，编号：粤审稻1997009

引种单位：江门市农业局从广西引进。

特征特性：弱感光型杂交稻组合。全生育期晚造约120天，生势壮旺，分蘖力较强，株型好，茎秆粗壮，耐肥抗倒，穗大粒多，结实率高，千粒重约23克，后期熟色好，适应性强。稻米外观品质为晚造二级，腹白少，米粒细长，饭味佳。

产量表现：1991、1992年两年晚造参加江门市区试，亩产分别为418.30千克、446.20千克，比对照博优64增产1.2%和2.43%，增产均不显著。

适宜范围：适宜我省中南部地区作晚造种植。

栽培要点：（1）秧田亩播种量10～15千克，秧龄以25～30天为宜。（2）早施重施分蘖肥，中期切忌偏施氮肥。（3）后期不要断水过早。（4）注意防治稻瘟病。

19. 金优桂99

亲本来源：金23A（♀）桂99（♂）

选育单位：常德市农业科学研究所

品种类型：籼型三系杂交水稻

适种地区：湖南和贵州海拔1000米以下地区

湖南省常德市农科所用优质米不育系金23A与桂99配组而成的优质杂交稻组合（谢业林等，1994）

2005年云南红河审定，编号：滇特（红河）审稻200504号

2000年贵州审定，编号：黔品审247号

品种来源：该组合是湖南省常德市农科所用自育的不育系金23A与广西农科院水稻所选育的强优恢复系桂99配组而成。1994年贵州省种子公司引进，属于中籼中迟熟组合。

产量表现：1994年参加省区试，平均亩产620.6千克，比对照汕优63增产0.47%。

特征特性：生育期147天，比汕优63早熟4天，株高92.9厘米，穗长23.6厘米，有效穗17.1万/亩，穗粒数134.9粒，结实率80.7%，千粒重27.2克，分蘖力较强，株型适中，外观米质及食味品质较好，抗寒性强，后期熟色好。

栽培要点：一般在清明前后播种，采用旱育秧或两段育秧培育壮秧；合理密植，亩栽2.0万穴左右，亩基本苗8万～10万；施足基肥，早施分蘖肥，亩施尿素10～15千克；适时晒田，及时防治病虫害。

适宜种植地区：可在我省海拔1000米以下的安顺、贵阳、铜仁等具有相似生态的水稻适宜地区种植。

20. 金优974

亲本来源：金23A（♀）To974（♂）

选育单位：湖南省衡阳市农业科学研究所

品种类型：籼型三系杂交水稻

适种地区：湖南、广西中北部

2001年江西审定，编号：赣审稻2001001

申请者：湖南省衡阳市农业科学研究所

育种者：湖南省衡阳市农业科学研究所

品种来源：用不育系金23A/恢复系To974杂交选配而成。

特征特性：株高81～85厘米，穗粒数100～120粒，结实率75%以上，千粒重25～27克。早稻组合，全生育期江西114天、桂北早造105天，株型紧凑，分蘖力较强，后期落色好；江西种植，对稻瘟病抗性一般，广西种植，较抗稻瘟病、白叶枯病；江西米质主要指标：糙米率82.0%，精米率71.5%，整精米率50.0%，米粒长7.4毫米，长宽比3.4，垩白粒率50.0%，垩白度3%，外观米质优。

产量表现：江西一般亩产420千克，广西一般亩产430～480千克。

栽培要点：（1）施足底肥、早施追肥，中后期控制氮肥用量，增施磷、钾肥。（2）江西种植，3.5～4.5叶移栽，亩插足5万～10万基本苗。（3）科学施肥管水，注意防治病虫害。

21. 天优华占

亲本来源：天丰 A（♀）华占（♂）

选育单位：中国水稻研究所；中国科学院遗传与发育生物学研究所；广东省农业科学院水稻研究所

完成人：朱旭东；李家洋；陈红旗；倪深

品种类型：籼型三系杂交水稻

适种地区：广西中北部、广东北部、福建中北部、江西中南部、湖南中南部、浙江南部的白叶枯病轻发的双季稻区

中国水稻研究所用天丰 A 与华占配组育成的杂交水稻组合（禹盛苗等，2009）

2012 年国家审定，编号：国审稻 2012001

选育单位：中国水稻研究所、中国科学院遗传与发育生物学研究所、广东省农业科学院水稻研究所

品种来源：天丰 A× 华占

特征特性：籼型三系杂交水稻品种。华南作双季早稻种植，全生育期平均 123.1 天，比对照天优 998 短 0.1 天。每亩有效穗数 19.7 万穗，株高 96.3 厘米，穗长 20.9 厘米，每穗总粒数 141.1 粒，结实率 81.8%，千粒重 24.3 克。抗性：稻瘟病综合指数 3.6 级，穗瘟损失率最高级 5 级，白叶枯病 7 级，褐飞虱 7 级，白背飞虱 3 级，中感稻瘟病，感白叶枯病、褐飞虱，中抗白背飞虱。米质主要指标：整精米率 63.0%，长宽比 2.8，垩白粒率 20%，垩白度 4.5%，胶稠度 70 毫米，直链淀粉含量 20.8%，达到国家《优质稻谷》标准 3 级。

产量表现：2009 年参加华南早籼组区域试验，平均亩产 533.4 千克，比对照天优 998 增产 5.6%；2010 年续试，平均亩产 471.7 千克，比天优 998 增产 8.5%。两年区域试验平均亩产 502.5 千克，比天优 998 增产 6.9%。2011 年生产试验，平均亩产 502.8 千克，比天优 998 增产 4.0%。

栽培要点：（1）华南作早稻，2 月下旬至 3 月上旬播种，秧田亩播种量 6

千克，培育壮秧。（2）移栽秧龄25～30天，宽行窄株栽插为宜，栽插株行距13.3厘米×30厘米或16.7厘米×26.6厘米，双本栽插，亩基本苗8万左右。（3）多施用有机肥，适当配施磷、钾肥，亩施复合肥20～25千克、碳铵20～30千克做底肥，移栽后早施追肥，尿素与氯化钾混合施用；穗粒肥依苗情适施或不施。（4）浅水插秧活棵，薄水发根促蘖，亩总苗数达到16万时，排水重晒田，孕穗至齐穗期田间有水层，齐穗后间歇灌溉，湿润管理。（5）重点防治螟虫、稻飞虱、纹枯病、稻曲病、稻瘟病等病虫害。

审定意见：该品种符合国家稻品种审定标准，通过审定。适宜在广东中南及西南，广西桂南和海南稻作区的白叶枯病轻发的双季稻区作早稻种植。根据中华人民共和国农业部公告第1655号，该品种还适宜在江西、湖南（武陵山区除外）、湖北（武陵山区除外）、安徽、浙江、江苏的长江流域稻区、福建北部、河南南部稻区的白叶枯病轻发区和云南、贵州（武陵山区除外）、重庆（武陵山区除外）的中低海拔籼稻区、四川平坝丘陵稻区、陕西南部稻区的中等肥力田块作一季中稻种植；广西中北部、广东北部、福建中北部、江西中南部、湖南中南部、浙江南部的白叶枯病轻发的双季稻区作晚稻种植。

22. 五优308

亲本来源：五丰A（♀）广恢308（♂）

选育单位：广东省农业科学院水稻研究所

品种类型：籼型三系杂交水稻

适种地区：江西、湖南、浙江、湖北和安徽长江以南的稻瘟病、白叶枯病轻发的双季稻区

2008年国家审定，编号：国审稻2008014

特征特性：该品种属籼型三系杂交水稻。在长江中下游作双季晚稻种植，全生育期平均112.2天，比对照金优207长1.7天，遇低温略有包颈。株型适中，每亩有效穗19.4万穗，株高99.6厘米，穗长21.7厘米，每穗总粒数157.3粒，结实率73.3%，千粒重23.6克，抗性：稻瘟病综合指数5.1级，

稻瘟损失率最高9级，抗性频率85%；白叶枯病平均6级，最高7级：褐飞虱5级。米质主要指标：整精米率59.1%，长宽比2.9，垩白粒率6%，垩白度0.8%，胶稠度58毫米，直链淀粉含量20.6%，达到国家《优质稻谷》标准1级。

产量表现：2006年参加长江中下游早熟晚籼组品种区域试验，平均亩产512.0千克，比对照金优207增产9.48%（极显著），2007年续试，平均亩产497.0千克，比对照金优207增产3.95%（极显著）；两年区域试平均亩产504.5千克，比对照金优207增产6.68%，增产点比例80.8%。2007年生产试验，平均亩产511.7千克，比对照金优207增产0.29%。

栽培要点：（1）育秧：适时播种，秧每亩播种量10～12千克，大田每亩用种量1～1.5千克，稀播、匀播培育状秧。（2）移栽：秧龄20天内或5.5叶龄移栽，合理密植，插足基本苗，栽插规格以16.7厘米×20厘米或20厘米×20厘米为宜，每穴栽插2粒谷苗。（3）肥水管理：中等偏上肥力水平栽培，重施基肥，早施分蘖肥，配施有机肥及磷、钾肥。水分管理上掌握深水返青、浅水分蘖、够苗露晒田、复水抽穗、后期湿润灌溉的原则。（4）病虫防治：注意及时防治稻瘟病、白叶枯病、褐飞虱、螟虫等病虫害。

审定意见：该品种符合国家稻品种审定标准，通过审定。熟期适中，产量高，高感稻瘟病，感白叶枯病，中感褐飞虱，米质优。适宜在江西、湖南、浙江、湖北和安徽长江以南的稻瘟病、白叶枯病轻发的双季稻区作晚稻种植。

23. 金优463

亲本来源：金23A（♀）To463（♂）

选育单位：湖南省衡阳市农业科学研究所

品种类型：籼型三系杂交水稻

适种地区：广西中北部、江西及湖南南部稻瘟病轻发区作早稻种植

湖南省衡阳市农科所用金23A与恢复系To463配组而成的迟熟杂交早稻组合（彭庆华，2005）

审定编号：湘审稻2004005

特征特性：该品种属三系杂交迟熟早籼。在湖南省作早稻栽培，全生育期115天。株高93.4厘米，叶片直立，叶鞘、稃尖紫色，株型适中。省区试结果：每亩有效穗21.95万穗，每穗总粒数110粒，结实率76.9%，千粒重27.9克；抗性：叶瘟7级，穗瘟7级，白叶枯病5级；米质：糙米率82.5%，精米率69.8%，整精米率为51.5%，垩白粒率31.5%，垩白大小19%。

产量表现：2002年湖南省区域试验平均亩产485.56千克，比对照湘早籼19号减产0.42%，减产不显著；2003年续试，平均亩产475.32千克，比对照金优402增产4.64%，增产显著。两年区试平均亩产480.44千克。

栽培要点：3月20～25日播种，大田每亩用种量2～2.5千克，亩插2万～2.5万蔸，每蔸插2粒谷的秧。亩施纯氮10千克，氮磷钾比例为10∶6∶9。

审定意见：该品种达到审定标准，通过审定。适宜在湘南稻瘟病轻发区作双季早稻种植。

24. 汕优晚3

亲本来源：珍汕97A（♀）晚3（♂）

选育单位：湖南杂交水稻研究中心

完成人：何顺武；唐传道；黄志强；龙和平；袁光杰

品种类型：籼型三系杂交水稻

适种地区：安徽、福建、广东、贵州、湖北、湖南、江西、陕西等地

1999年陕西审定，编号：374

1998年安徽审定，编号：皖品审98010231

品种来源：湖南杂交水稻研究中心用珍汕97A与晚3配制的杂交晚籼组合。

品种试验情况：两年省双晚区域试验和一年省生产试验，平均亩产比对照种汕优67增产8.5%和0.58%。

特征特性：株高100厘米，株型较松散。穗型较大，每穗总粒125粒，

结实率80%左右，千粒重28克，米质一般。作双晚栽培，全生育期124天左右，分蘖力中等，中感稻瘟病和白叶枯病。

栽培要点：作双晚栽培，一般6月15日以前播种，秧田每亩净播种量15～20千克，秧龄30天。株行距13.3厘米×23.3厘米或13.3厘米×16.7厘米，每穴1～2粒种子苗。

适宜范围：安徽省沿江江南作双晚栽培。

25. 天优998（天丰优998）

亲本来源：天丰A（♀）广恢998（♂）

选育单位：广东省农业科学院水稻研究所

完成人：李传国；符福鸿；梁世胡；王丰；陈友订；陈志远；刘振荣；黄慧君；李曙光；喻愿传；程俊彪；孔清霓；黄德娟；廖亦龙；陈荣彬

品种类型：籼型三系杂交水稻

适种地区：华南适合早、晚稻种植，长江流域适合作后季稻种植

广东省农科院水稻研究所利用自选优质籼稻不育系天丰A与广恢998配组选育而成的籼稻组合（梁世胡等，2004）

审定编号：国审稻2006052

特征特性：该品种属籼型三系杂交水稻。在长江中下游作双季晚稻种植，全生育期平均117.7天，比对照汕优46早熟0.6天。株型适中，长势繁茂，叶姿挺直，每亩有效穗数19.6万穗，株高98.0厘米，穗长21.1厘米，每穗总粒数136.5粒，结实率81.2%，千粒重25.2克。抗性：稻瘟病平均3.3级，最高9级，抗性频率90%；白叶枯病7级。米质主要指标：整精米率56.7%，长宽比3.1，垩白粒率27%，垩白度2.5%，胶稠度59毫米，直链淀粉含量23.0%，达到国家《优质稻谷》标准3级。

产量表现：2004年参加长江中下游晚籼中迟熟组品种区域试验，平均亩产514.81千克，比对照汕优46增产5.39%（极显著）；2005年续试，平均亩产510.44千克，比对照汕优46增产7.20%（极显著）；两年区域试验平均

亩产 512.62 千克，比对照汕优 46 增产 6.28%。2005 年生产试验，平均亩产 478.44 千克，比对照汕优 46 增产 4.57%。

栽培要点：（1）育秧：根据各地双季晚籼生产季节适时播种，一般适宜播种期为 6 月 10 ～ 20 日，每亩秧田播种量 12.5 千克，大田用种量 0.75 千克。（2）移栽：秧龄 35 ～ 45 天，栽插规格以 16.7 厘米 ×20 厘米或 16.7 厘米 ×23.3 厘米为宜，每穴栽插 2 粒谷苗，基本苗达到 7 万～ 8 万苗。（3）肥水管理：可参照汕优 46。（4）病虫防治：注意及时防治稻瘟病、白叶枯病等病虫害。

审定意见：该品种符合国家稻品种审定标准，通过审定。该品种熟期适中，产量高，米质优，感白叶枯病，高感稻瘟病。适宜在广西中北部、广东北部、福建中北部、江西中南部、湖南中南部、浙江南部的稻瘟病、白叶枯病轻发的双季稻区作晚稻种植。

26. 中浙优 1 号

亲本来源：中浙 A（♀）航恢 570（♂）

选育单位：中国水稻研究所；浙江省种子公司

完成人：章善庆；童海军；童汉华；曹一平

品种类型：籼型三系杂交水稻

适种地区：浙江、湖南

1999 年以中浙 A 与航恢 570 配组育成的籼型杂交水稻组合（章善庆等，2005）

2012 年海南审定，编号：琼审稻 2012004

申请者：中国水稻研究所、浙江勿忘农种业股份有限公司

引种单位：海南万穗谷种业有限公司

品种来源：中浙 A× 航恢 507

特征特性：属籼型感温三系杂交水稻组合。全生育期 116 ～ 131 天，与博 II 优 15（CK）表现相当。主要农艺性状表现：株型适中，叶片中直，后期熟色尚可，因台风雨影响，结实率偏低。每亩有效穗数约 18.74 万，平均

株高103.4厘米，平均穗长22.8厘米，每穗总粒数107.4粒，结实率76.5%，千粒重25.2克。两年抗性综合表现苗瘟4级，叶瘟5级，穗颈瘟4级，白叶枯7级，纹枯7级。米质主要指标两年综合表现：整精米率49.1%，垩白粒率13%，垩白度1.0%，直链淀粉13.4%。

产量表现：2010年晚造首次参加我省区试，平均亩产409.83千克，比博II优15（CK）增产6.86%，达极显著水平，日产量3.47千克，增产点比例66.7%。2011年晚造复试，平均亩产344.89千克，比博II优15（CK）减产0.03%，未达显著水平，日产量2.84千克，增产点比例66.7%。生产试验平均亩产356.80千克，比博II优15（CK）增产1.39%。

栽培要点：（1）适时稀播匀播，培育多蘖壮秧：在海南作晚造种植应在6月中下旬～7月上旬播种，亩用种量插秧1～1.5千克，抛秧1.5～2千克，秧田播种量一般每亩10～12.5千克。（2）适龄移栽，合理插植：插秧秧龄20～25天，作抛秧应在2.5～3片叶之间下田。插秧规格为5寸（1寸≈33.3厘米）×4寸。（3）肥水管理：插秧前耕作时亩施25千克过磷酸钙和1000千克农家肥作底肥，插秧后5天亩施10千克尿素以促禾苗早生快发，中期亩施10千克氯化钾，视苗补施少许氮肥，够苗排水晒田练苗，以使禾苗茎秆粗壮，穗大粒多，抗风抗倒。（4）防治病虫害：苗期注意防治稻蓟蚂和三化螟虫，中后期注意防治卷叶虫、稻飞虱和纹枯病。

审定意见：经审核，该品种符合海南省水稻品种审定标准，通过审定。全生育期116～131天，与博II优15（CK）表现相当。丰产性较好，两年田间综合表现中抗苗瘟，轻感穗颈瘟，中感白叶枯。米质经检测一般。适宜我省各市县作晚稻种植，栽培适播期在每年的6月中下旬至7月上旬，沿海地区注意防治白叶枯病，稻瘟病重发区要注意防治稻瘟病。

27. 新香优80

亲本来源：新香A（♀）R80（♂）

选育单位：湖南农业大学水稻研究所

品种类型：籼型三系杂交水稻

2004年湖北审定，编号：鄂审稻2004016

品质产量：2001—2002年参加湖北省晚稻品种区域试验，米质经农业部食品质量监督检验测试中心测定，出糙率81.1%，整精米率64.0%，长宽比3.0，垩白粒率18%，垩白度3.6%，直链淀粉含量20.6%，胶稠度50毫米，主要理化指标达到国标三级优质稻谷质量标准。两年区域试验平均亩产516.61千克，比对照汕优64增产5.46%。其中：2001年亩产538.20千克，比汕优64增产6.32%，极显著；2002年亩产495.02千克，比汕优64增产4.45%，极显著。

特征特性：该品种属中熟籼型晚稻。株型较松散，分蘖力中等，剑叶宽挺，半叶下禾，1～5茎节基部和稃尖呈紫红色。穗层欠整齐，有轻度包颈，谷粒有长短不一的短顶芒。区域试验中亩有效穗23.8万，株高91.0厘米，穗长22.1厘米，每穗总粒数109.4粒，实粒数87.8粒，结实率80.2%，千粒重26.28克。全生育期115.1天，比汕优64长0.1天。抗病性鉴定为高感穗颈稻瘟病，感白叶枯病。

栽培要点：（1）适时播种，及时移栽。6月15～20日播种，秧田亩播种量10千克，秧龄25～30天。（2）合理密植，插足基本苗。株行距13.3厘米×23.3厘米，每穴插2粒谷苗，亩插基本苗10万～12万。（3）科学水肥管理。亩施纯氮9～11千克，增施磷钾肥，做到底肥足、追肥早，晒田复水后增施钾肥。后期忌断水过早。（4）注意防治病虫害。播种前用药剂浸种，预防稻瘟病，生长期重点防治稻瘟病、白叶枯病、螟虫和稻飞虱。（5）适时收获，注意脱晒方式，以保证稻谷品质。

适宜范围：适于湖北省稻瘟病无病区或轻病区作晚稻种植。

28. 金优77

亲本来源：金23A（♀）明恢77（♂）

选育单位：常德市农业科学研究所

品种类型：籼型三系杂交水稻

适种地区：广西中北部和贵州海拔900～1300米地区

2001年江西审定，编号：赣审稻2001013

2001年广西审定，编号：桂审稻2001096号

品种来源：桂林地区种子公司于1992年用金23A与父本明恢77配组而成的感温型中熟组合。

报审单位：桂林市种子公司

特征特性：桂北种植全生育期早造120天左右，晚造105天左右。株叶型适中，生长势强，叶片细长挺直，叶色淡绿，分蘖力中等，后期熟色好，株高87～105厘米，亩有效穗17万～20万，每穗总粒110～145粒，结实率78%左右，千粒重26.5克。田间种植表现较抗稻瘟病。

产量表现：1993—1994年晚造参加桂林地区区试，平均亩产分别为483.0千克和456.3千克，比对照威优64增产5.3%和8.2%。1993—2001年桂林市累计种植面积80万亩左右，一般亩产450～500千克。

栽培要点：不宜偏施氮肥和后期断水过早。其他参照一般中熟杂交水稻组合进行。

制种要点：（1）桂北早制父母本叶龄差6.0叶；晚制时差20天。（2）母本抽穗10%～15%时始喷九二O，亩用量12～14克。（3）注意防治黑粉病。

自治区品审会意见：经审核，桂林市农作物品种评审小组评审通过的金优77，符合广西水稻品种审定标准，通过审定，可在桂中、桂北作早、晚稻推广种植。

29. 汕优桂34

亲本来源：珍汕97A（♀）桂34（♂）

选育单位：广西农业科学院水稻研究所

品种类型：籼型三系杂交水稻

适种地区：广东省中南部、广西、湖南等

广西农科院水稻研究所用自育恢复系3024-1与珍汕97A配组而成（莫永生等，1986）

1993年湖南认定，编号：湘品审（认）第169号

1991年湖南认定，编号：湘品审（认）第151号

1987年广东认定，编号：粤审稻1987002

特征特性：感温型杂交水稻组合。早造全生育期127天，比汕优2号早熟5～7天。株高100厘米左右，叶片窄长挺直，呈瓦筒形，株型集散适中。分蘖力较强，成穗率较高，亩有效穗18.1万，穗长22.5厘米，每穗总粒数127.9粒，结实率85.1%，千粒重25.7克。耐寒性中强，较抗稻瘟病，后期熟色一般。缺点是较易感纹枯病。

产量表现：1986和1987年早造参加省区试，平均亩产438.7千克和463.85千克，1986年比对照种汕优2号增产6.94%；1987年比对照种汕优63减产1.01%。

省品审会意见：经1986和1987年两年区试，比汕优2号增产，比汕优63略减产（减1.01%），但早熟5天左右。大田示范增产显著。米质三级，适应性广。制种容易，适宜我省中北部以南稻作区种植。

30. Q优6号

亲本来源：Q2A（♀）R1005（♂）

选育单位：重庆市种子公司

完成人：李贤勇；王楚桃；李顺武；何永歆

品种类型：籼型三系杂交水稻

适种地区：云南、贵州、湖北、湖南、重庆的中低海拔籼稻区（武陵山区除外）、四川平坝丘陵稻区、陕西南部稻区的稻瘟病轻发区作一季中稻种植

重庆市种子公司用自育不育系Q2A与恢复系R1005配组育成（李贤勇等，2006）

2010年广东引种，编号：粤种引稻2010001

引种单位：清远市农业局

品种来源：Q2A/R1005

审定情况：2005 年贵州省农作物品种审定委员会审定、2006 年农业部国家农作物品种审定委员会审定、2006 年湖南省农作物品种审定委员会审定、2006 年湖北省农作物品种审定委员会审定、2008 年梅州市农业局农作物品种审定小组审定、2009 年广西壮族自治区农业厅公告准许推广。

特征特性：感温型三系杂交稻组合。全生育期早造 124 ～ 125 天，晚造 111 ～ 112 天，中造 127 ～ 129 天，与天优 998 相当。2004、2005 年参加长江上游中籼迟熟组品种区试，米质鉴定为国标优质 3 级，整精米率 65.6%，垩白粒率 22%，垩白度 3.6%，直链淀粉 15.2%，胶稠度 58 毫米，长宽比 3.0。广东省农科院植保所鉴定抗稻瘟病，中 B、中 C 群和总抗性频率分别为 90.48%、100% 和 94.44%，田间发病轻；高感白叶枯病。2009 年晚造耐寒性模拟鉴定为中强。

产量表现：2006 年至 2009 年清远市种子站在该市清新、英德、阳山、连南等县进行多点引种试验，亩产多数在 500 千克以上。作早造种植比天优 998 明显增产；晚造种植产量与天优 998 相当；中造种植比天优 998 增产，比冈优 22 减产。

栽培要点：特别注意防治白叶枯病。

省品审会审定意见：Q 优 6 号为感温型三系杂交稻组合。全生育期与天优 998 相当。丰产性较好，米质优，抗稻瘟病，高感白叶枯病，耐寒性中强。适宜我省清远市种植，其中属中北稻作区的作早、晚造种植，属粤北稻作区的作中造种植，栽培上要特别注意防治白叶枯病。

31. 威优 402

亲本来源：威 20A（♀）R402（♂）

选育单位：湖南省安江农业学校

完成人：唐显岩；李必湖；刘爱民；舒福北；张中型；毛勋；张德宁；罗利民；曾存玉

品种类型：籼型三系杂交水稻

适种地区：长江流域南部双季稻地区作早稻种植

V20A与R402配制的杂交早稻组合（唐显岩，1992）

2001年广西审定，编号：桂审稻2001068号

品种来源：湖南安江农校用不育系V20A与父本R402配组而成的感温型早熟组合。桂林市种子公司于1992年引进。

报审单位：桂林市种子公司

特征特性：桂北作早造种植，全生育期113天左右。株叶型适中，剑叶稍宽，不披垂，茎秆粗壮，耐肥抗倒性较强，分蘖力强，繁茂性好，成穗率高，后期熟色好，株高约100厘米，亩有效穗20万～22万，穗长约22.5厘米，每穗总粒数110～130粒，结实率82%左右，田间种植表现较抗稻瘟病，米质一般。

产量表现：该组合于1992年进行观察试种，平均亩产518.4千克，比对照威优48增产16.5%。1993～1994年早造参加桂林地区品种区域试验，平均亩产分别为484.3千克和496.5千克，比威优48增产15.3%和17.2%。1993～2001年桂林市累计种植面积100多万亩，一般亩产450～500千克。

栽培要点：参照同熟期威优系列组合栽培。

制种要点：（1）桂北早制父母本同时播种，晚制母本先播，时差6天。（2）适时适量喷施九二〇，母本始穗5%～10%时开始喷，每亩用量16～18克；（3）注意防治黑粉病。

自治区品审会意见：经审核，桂林市农作物品种评审小组评审通过的威优402，符合广西水稻品种审定标准，通过审定，可在桂北作早稻推广种植。

32. 威优49

亲本来源：威20A（♀）测64—7—49（♂）

选育单位：湖南省安江农业学校

完成人：袁隆平

品种类型：籼型三系杂交水稻

适种地区：湖南省适宜区

1993年广西审定，编号：桂审证字第084号

申请者：桂林地区种子公司

育种者：桂林地区种子公司

品种来源：威优49、汕优49是桂林地区种子公司1984年利用引入的V 20 A、汕A与测64—49恢复系制种应用的杂交稻组合。

特征特性：这两个组合属同父不同母，株高75厘米左右，分蘖力强，茎秆粗壮，繁茂性好，抗倒伏，后期熟色好。每穗102粒左右，结实率75%～80%，千粒重威优49为29.3克，汕优49为27.7克。抗稻瘟病能力威优49比汕优49弱。但生育期都较短。具有早熟、高产、容易制种，适应性广的特点。

产量表现：1985年～1986年桂林地区在8个县农科所进行威优49的早稻区域试验，第一年平均亩产432.8千克，比常规对照种广二矮104增产12.5%，第二年平均亩产450.0千克，比对照种威优64减产1.2%，不显著，但比威优64早熟7天，对晚稻生产有利，评为入选组合。1989年选择三个有代表性的农科所进行汕优49的区试，平均亩产470.5千克，比对照威优49增产1.03%，名列第二，但各县试种反映，汕优49比威优49抗稻瘟病，米质较优，也评为入选组合。1988—1992年两个组合全区试种面积累计305.74万亩，一般亩产400千克左右，高的450千克以上，主要分布于桂柳两地、市。

栽培要点：（1）适时早播、稀播，培育分蘖壮秧；（2）适当密植，插秧规格以19.8厘米×13.2厘米（6寸×4寸），双本插植，每亩插足12万基本苗为宜。（3）施足基肥、早追分蘖肥，适当增施磷、钾肥，促进禾苗早生快发、健壮生长。（4）对水的管理，前期宜浅灌，够苗露晒田，后期湿润到成熟。（5）及时防治病虫害。

33. 威优48

亲本来源：威20A（♀）测48—2（♂）

选育单位：湖南省安江农业学校

完成人：袁隆平

品种类型：籼型三系杂交水稻

适种地区：湖南省适宜区

1989年湖南审定，编号：湘品审第40号

据全国农技推广服务中心历年汇编数据统计，该品种1982年以来累计推广1000万亩以上。

34. T优207

亲本来源：T98A（♀）先恢207（♂）

选育单位：湖南杂交水稻研究中心

完成人：邓小林

品种类型：籼型三系杂交水稻

适种地区：湖南、湖北、江西等地

湖南杂交水稻研究中心用新育成的高异交率优质不育系T98A与先恢207配组育成的中熟杂交晚籼组合（邓小林，2003）

2006年湖北审定，编号：鄂审稻2006009

品种来源：湖南杂交水稻研究中心用不育系“T98A”与恢复系“先恢207”配组育成的杂交籼稻品种，定名为T优207。

品质产量：2004—2005年参加湖北省一季晚稻品种区域试验，米质经农业部食品质量监督检验测试中心测定，出糙率82.2%，整精米率61.1%，垩白粒率14%，垩白度2.5%，直链淀粉含量21.80%，胶稠度53毫米，长宽比3.2，主要理化指标达到国标二级优质稻谷质量标准。两年区域试验平均亩产518.20千克，比对照汕优63增产0.36%。其中：2004年亩产515.3千克，比汕优63减产1.7%，不显著；2005年亩产521.09千克，比汕优63增产2.44%，极显著。

特征特性：该品种株型紧凑，茎秆较粗壮，叶色淡绿，剑叶长挺。穗层整齐，叶下禾，穗型较大，谷粒长型、有顶芒，稃尖紫色。区域试验中亩有效

穗20.5万，株高112.7厘米，穗长24.1厘米，每穗总粒数140.0粒，实粒数108.7粒，结实率77.6%，千粒重25.12克。全生育期116.8天，比汕优63短6.9天。抗病性鉴定为高感穗颈稻瘟病和白叶枯病。田间纹枯病较重。

栽培要点：（1）适时播种。5月下旬至6月上旬播种。秧田亩播种量10～15千克，大田亩用种量1.5～2千克。（2）及时移栽，合理密植。秧龄30天以内，株行距13.3厘米×20厘米或16.7厘米×20厘米，每穴插2粒谷苗，亩插足基本苗10万。（3）科学肥水管理。一般大田亩施纯氮9～10千克，氮磷钾比例为2∶1∶1。以有机肥为主，重施底肥，早施追肥，中后期控制氮肥用量。浅水分蘖，苗够晒田，后期干湿交替，以利灌浆和减轻纹枯病。（4）注意防治稻瘟病、稻曲病、稻粒黑粉病、白叶枯病及螟虫等病虫害。（5）适时收获，注意脱晒方式，确保稻谷品质。

适宜范围：适于湖北省稻瘟病无病区或轻病区作一季晚稻种植。

35. 特优559

亲本来源：龙特甫A（♀）盐恢559（♂）

选育单位：江苏沿海地区农业科学研究所

完成人：姚立生

品种类型：籼型三系杂交水稻

江苏沿海地区农科所水稻研究室用龙特浦A与盐恢559配组育成的籼型三系杂交稻组合（严国红等，1998）

1996年江苏审定，编号：苏种审字第240号

江苏沿海地区农科所育成的杂交中籼稻组合。该组合株型紧凑，剑叶上举，叶色稍深。株高110厘米，茎秆较粗壮，分蘖力较强，每穗150多粒，结实率90%以上，千粒重28克。米质与汕优63相仿。全生育期138天左右，较汕优63早2～3天，抗倒性较强，中抗白叶枯病，抗稻瘟病，纹枯病较轻。省区域试验平均单产8878.65千克/公顷，比汕优63增产6.33%。省生产试验平均单产8652.3千克/公顷，比汕优63增5.36%。综合性状较好，丰产

性、稳产性和适应性均较为突出。适宜在江苏中籼稻地区中上等肥力条件下种植。

36. 中浙优 8 号

亲本来源：中浙 A（♀）T—8（♂）

选育单位：中国水稻研究所；浙江勿忘农种业集团有限公司

品种类型：籼型三系杂交水稻

适种地区：浙江省作单季稻种植

中国水稻研究所与浙江省勿忘农集团有限公司合作，用中国水稻研究所选育的优质米不育系中浙 A 为母本与编号为 T-8 的株系组配而成单季稻品种……2000 年冬在海南测交（唐昌华等，2007）

2017 年贵州审定，编号：黔审稻 2017011

申请者：贵州禾睦福种子有限公司

育种者：中国水稻研究所、浙江勿忘农种业股份有限公司、贵州禾睦福种子有限公司

品种来源：中浙 A×T-8

特征特性：迟熟籼型三系杂交稻。全生育期 158.7 天，比对照 F 优 498 迟熟 5.3 天。株叶型紧凑，茎秆较粗壮；叶色浓绿，剑叶挺直；叶鞘、叶缘无色。平均株高 121.2 厘米，亩有效穗 15.5 万。穗长 27.6 厘米，每穗 205.7 粒，结实率 77.5%，千粒重 26 克。粒型较长，颖尖无色、无芒、后期转色好。2016 年经农业部食品质量监督检验测试中心（武汉）测试，米质主要指标为：出糙率 78.3%，精米率 69.8%，整精米率 60.3%，垩白粒率 7%，垩白度 0.9%，粒长 6.8 毫米，长宽比 3.0，胶稠度 65 毫米，直链淀粉含量 15.6%，碱消值 5.0 级，透明度 1 级，国标 3 级优质稻谷；食味鉴评 85.2 分。2015 年稻瘟病综合抗性指数 4.81，2016 年稻瘟病综合抗性指数为 4.69 级。2015 年耐冷性鉴定为弱，2016 年耐冷性鉴定为极弱。

产量表现：2015 年省区试迟熟组亩产 604.12 千克，比对照中优 169 增

产 1.10%；2016 年省区续试，平均亩产 628.31 千克，比对照 F 优 498 减产 0.93%。两年平均亩产 612.43 千克，比对照增产 0.06%。两年 19 个试点 12 增 7 减，增产点率 63.2%。2016 年生产试验平均亩产 572.55 千克，比对照 F 优 498 增产 4.79%，6 个试点全部增产。

栽培要点：（1）清明节前后播种，播种前晒种、强氯精浸种、稀播匀播，科学肥水管理，培育多蘖壮秧。（2）育秧方式采用旱育秧或两段育秧，秧龄不超过 30 天。（3）合理密植。宽窄行栽插方式，每亩 1.2 万～ 1.5 万穴，随海拔升高或肥力降低增加种植密度。（4）科学肥水管理：重底早追，增施磷、钾肥和有机肥，结合科学管水，够苗晒田，干湿壮籽，做到苗足、苗健、穗大、粒重。亩施基肥农家肥 750 千克、尿素 7 千克、普钙 25 千克、氯化钾 7 千克，移栽 5 天后亩施分蘖肥尿素 3 千克，主穗圆秆后 10 天亩施穗肥尿素 2 千克。（5）苗期、破口期、齐穗期注意稻瘟病防治，分蘖期、孕穗期注意稻飞虱、螟虫防治。注意稻瘟病和其他病虫害防治。

审定意见：该品种符合贵州省稻品种审定标准，通过审定。适宜于我省低海拔热量较好的迟熟杂交籼稻区种植。

37. 博Ⅱ优 15

亲本来源：博Ⅱ A（♀）HR15（♂）

选育单位：湛江海洋大学杂交水稻研究室

品种类型：籼型三系杂交水稻

适种地区：广东和广西的中南部、福建省南部及海南省白叶枯病轻发地区作双季晚稻种植

湛江海洋大学杂交水稻研究室用自育的优质恢复系 HR15 与博Ⅱ A 配组而成的优质、高产、抗病的弱感光杂交水稻组合（黄宏江等，2005）

广东海洋大学农业生物技术研究所以不育系博Ⅱ A 为母本，用自选优质高产强优恢复系 HR15 作父本杂交育成的弱感光型杂交水稻新组合（郭建夫等，2012）

2003年国家审定，编号：国审稻2003001

特征特性：该组合属弱感光型三系杂交水稻组合，在华南作晚稻种植全生育期平均117天，与对照博优903基本相同。株高107.9厘米，茎秆粗壮，耐肥抗倒，每亩有效穗17.1万，穗型较大，穗长22.1厘米，平均每穗总粒数148.4粒，结实率84.8%，千粒重23克。抗性：叶瘟5级（变幅3～7），穗瘟3级（变幅1～5），穗瘟损失率23.7%，白叶枯病6级（变幅5～7），褐飞虱6级（变幅3～9）。米质主要指标：整精米率66.2%，长宽比2.6，垩白率44%，垩白度5.9%，胶稠度44毫米，直链淀粉含量24.6%。

产量表现：2000年参加华南晚籼组区试，平均亩产513.06千克，分别比对照博优903（CK1）、粳籼89（CK2）增产9.96%、8.82%，达极显著水平；2001年续试平均亩产513.57千克，比对照博优903增产17.29%，达极显著水平。2001年参加生产试验，平均亩产458.89千克，比对照博优903增产7.63%，表现出较好的丰产性和稳产性。

栽培要点：（1）适当早播。（2）培育壮秧，施足基肥，施好中期肥，后期看苗适量补施。（3）适时露田晒田，后期不宜断水过早，以免影响结实率和充实度。

制种要点：（1）制种使用的亲本种子必须是原种或原种一代，不能用多代繁殖的不育系制种。（2）种子生产过程中要严格除杂去劣，确保种子质量。（3）在雷州半岛早春制种父母本叶龄差为5.8叶左右。

国家品审会审定意见：经审核，该品种符合国家稻品种审定标准，通过审定。该品种属弱感光型三系杂交水稻组合，产量高，稳产性好。中感稻瘟病、不抗白叶枯病及褐飞虱，米质中等。适宜在广东和广西的中南部、福建省南部及海南省白叶枯病轻发地区作双季晚稻种植。

38. 金优928

亲本来源：金23A（♀）R928（♂）

选育单位：湖北省荆州市种子总公司

完成人：胡旭；胡培中；段洪波；徐国华；王明涛；涂志杰；舒冰

品种类型：籼型三系杂交水稻

选用优质不育系金23A与优质新恢复系928配组育成（胡旭等，2001）

1998年湖北审定，编号：鄂审稻004-1998

品种来源：荆州市种子总公司用金23A与928-8配组育成的杂交晚稻组合。

特征特性：株高96.4厘米。分蘖力中等，株型较紧凑，茎秆坚韧，穗大粒多。每穗总粒数123.4粒，实粒数98.6粒，千粒重26.9克。全生育期119.1天，与汕优64相当。抗性鉴定为中感白叶枯病，高感稻瘟病。米质经农业部食品质量监督检验测试中心测定，糙米率80.84%，精米率72.76%，整精米率61.56%，长宽比3.1，垩白3级，垩白率35%，直链淀粉22.94%，胶稠度41毫米，蛋白质含量8.99%，优于对照汕优64。

产量表现：1996—1997年参加湖北省杂交晚稻区域试验，两年区域试验平均亩产505.04千克，比汕优64增产3.98%。其中1996年亩产489.14千克，比汕优64增产6.27%；1997年亩产520.94千克，比汕优64增产1.92%，居第二位。

39. 博优253

亲本来源：博A（♀）测253（♂）

选育单位：广西大学

完成人：莫永生

品种类型：籼型三系杂交水稻

适种地区：海南、广西中南部、广东中南部、福建南部双季稻区作晚稻种植

广西大学利用自选的强优恢复系测253与博A配组育成的晚籼组合（莫永生等，2003）

2003年国家审定，编号：国审稻2003038

特征特性：该品种属籼型三系杂交水稻，在华南作双晚种植，全生育期平均118.5天，比对照博优903迟熟2.5天。株高118.8厘米，茎秆粗壮，繁茂性好，穗粒重，较协调。每亩有效穗数17.4万穗，穗长23.9厘米，每穗总粒数140.9粒，结实率84%，千粒重23.8克。抗性：叶瘟6级，穗瘟7级，穗瘟损失率34.7%，白叶枯病7级，褐飞虱9级。米质主要指标：整精米率66.4%，长宽比2.6，垩白米率40%，垩白度5.9%，胶稠度43毫米，直链淀粉含量19.3%。

产量表现：2000年参加华南晚籼组区域试验，平均亩产499.2千克，分别比对照博优903、粳籼89增产6.99%（极显著）、5.88%（极显著）；2001年续试，平均亩产480.3千克，比对照博优903增产9.70%（极显著）。2002年生产试验平均亩产492.5千克，比对照博优903增产2.07%。

栽培要点：（1）适时播种：一般7月初播种，每亩秧田播种量6～7.5千克。（2）合理稀植：每亩栽插2.1万穴，每穴插2粒谷苗。（3）肥水管理：每亩施纯氮9～12千克，氮、磷、钾比例为1 ∶ 0.5 ∶ 1。基肥与追肥的比例为7 ∶ 3。水浆管理要做到浅水勤灌、干湿交替，后期不宜断水过早。（4）防治病虫：注意防治稻瘟病、白叶枯病以及稻飞虱等病虫的危害。

国家品审会审定意见：经审核，该品种符合国家稻品种审定标准，通过审定。该品种感稻瘟病和白叶枯病，高感褐飞虱。加工品质和蒸煮品质较好，外观品质中等偏上。适宜在海南、广西中南部、广东中南部、福建南部双季稻区作晚稻种植。

40. 丰源优299

亲本来源：丰源A（♀）湘恢299（♂）

选育单位：湖南杂交水稻研究中心

完成人：阳和华

品种类型：籼型三系杂交水稻

适种地区：湖南省稻瘟病轻发区

湖南杂交水稻研究中心于2002年用丰源A与自选恢复系湘恢299配组育成的杂交晚稻组合（王业农等，2008；颜友良等，2008）

2004年湖南审定，编号：湘审稻2004011

选育引进单位：湖南杂交水稻研究中心

品种来源：丰源A/湘恢299

特征特性：该品种属三系杂交中熟晚籼稻。在湖南省作双季晚稻种植，全生育期114天，比对照金优207长4天。株高97厘米，株型松紧适中，茎秆较硬，叶色淡绿，叶鞘紫色，后期落色好。籽粒长形，稃尖紫色，颖壳黄色。湖南省区试结果：每亩有效穗19万穗，穗长22厘米左右，每穗总粒数135粒左右，结实率80%左右，千粒重29.5克。抗性：叶瘟7级、穗瘟7级，白叶枯病3级。耐寒性中等。米质：糙米率83.1%，精米率75.6%，整精米率66.9%，长宽比3.0，垩白粒率23%，垩白大小2.6%。

产量表现：2002年湖南省区试平均亩产量469.02千克，比对照威优77增产7.55%，极显著；2003年湖南省区试平均亩产量474.16千克，比对照金优207增产2.66%，不显著。2年湖南省区试平均亩产量471.6千克。

栽培要点：在湖南省作双季晚稻栽培，宜在6月20日～25日播种，每亩大田用种量1.5千克～2千克。7月20日前移栽，秧龄期控制在30天内。插植密度16.7厘米×23.3厘米，每蔸插4苗～5苗，每亩插基本苗8万～10万苗。及时搞好肥水管理和病虫防治。

41. 金优725

亲本来源：金23A（♀）绵恢725（♂）

选育单位：绵阳市农业科学研究所

完成人：胡运高；王志；龙太康；刘定友；侯光辉；宋德明；褚旭东；项祖芬；侍守佩；李成依

品种类型：籼型三系杂交水稻

适种地区：四川省平坝、丘陵地区，重庆海拔1000米以下地区

四川绵阳市农科所用金23A与绵恢725杂交组配而成（胡运高等，2002）

2005年重庆引种，编号：渝引稻2005007

引种单位：四川国豪种业有限公司重庆分公司。

特征特性：该组合全生育期156.2天左右，比对照汕优63长1.2天，属中迟熟杂交水稻。株高109.10厘米，亩有效穗13.2万～17.1万穗，穗长25.301厘米，穗平着粒数172.40粒，穗平实粒数151.30粒，结实率78.20%～96.20%，千粒重26.70克。

经农业部稻米及制品质量监督检验测试中心测定，糙米率79.10%，精米率69.80%，整精米率37.90%，粒长6.6毫米，长宽比2.9，垩白粒率62%，垩白度16.20%，透明度1级，碱消值5.7级，胶稠度67毫米，直链淀粉含量23.40%，蛋白质9.00%。达NY/T593-2002《食用稻品种品质》五级，为普通稻。

经涪陵区农科所检测鉴定，叶瘟4级，中抗叶瘟，颈瘟7级，感穗颈瘟，抗性强于对照汕优63。

产量表现：2004年参加重庆市杂交水稻引种B组试验，平均亩产555.40千克，比对照汕优63平均增产5.90%，10个试点10增1减。

栽培要点：适时早播，稀播培育壮秧，适时早栽。亩植1.2万～1.5万丛左右。每穴栽两粒谷苗。本田施足底肥，中等肥力田亩施纯氮10～13千克。注意在幼穗分化始期适当追施穗肥，促进穗大粒多。按植保部门预报及时做好病虫害防治。

审定意见：经审核，符合品种认定条件，通过认定。适宜我市海拔900米以下稻瘟病非常发区作一季中稻种植，并要求种子包衣、加强稻瘟病防治。

42. 威优35

亲本来源：威20A（♀）二六窄早（♂）

选育单位：湖南省贺家山原种场；湖南省水稻研究所

完成人：周坤炉

品种类型：籼型三系杂交水稻

适种地区：湖南、浙江、福建

1990 年国家审定，编号：GS01002—1989

1986 年福建审定，编号：闽审稻 1986001

1986 年浙江认定，编号：浙品认字第 066 号

1985 年湖南审定，编号：湘品审第 7 号

“威优 35”是省贺家山原种场与省水稻所育成的特迟熟早籼杂交稻组合。全生育期比“湘矮早 9 号”长 2 ～ 3 天，耐肥抗倒，丰产性好，一般亩产 900 斤左右，整精米率较低，米质一般，可在湘中、湘南作迟熟早稻适当搭配种植，全省各地可作早熟晚稻栽培。

43. 川优 6203

亲本来源：川 106A（♀）成恢 3203（♂）

选育单位：四川省农业科学院作物研究所

完成人：任光俊；陆贤军；高方远；刘光春；任郓胜

品种类型：籼型三系杂交水稻

四川省农业科学院作物研究所用川 106A 与恢复系成恢 3203 配组选育而成的香型杂交中籼组合（陆贤军等，2011，2012）

2014 年湖北审定，编号：鄂审稻 2014007

品种来源：四川省农业科学院作物研究所用不育系“川 106A”与恢复系“成恢 3203”配组育成的三系杂交中稻品种。2014 年通过湖北省农作物品种审定委员会审定，品种审定编号为鄂审稻 2014007。

品质产量：2012—2013 年参加湖北省中稻品种区域试验，米质经农业部食品质量监督检验测试中心（武汉）测定，出糙率 79.3%，整精米率 53.6%，垩白粒率 43%，垩白度 3.7%，直链淀粉含量 14.9%，胶稠度 83 毫米，长宽比 3.9。两年区域试验平均亩产 633.88 千克，比对照 Q 优 6 号增产 6.33%。其中：2012 年亩产 641.52 千克，比 Q 优 6 号增产 5.37%；2013 年亩产 626.23 千克，比 Q 优 6 号增产 7.33%。

特征特性： 属中熟籼型中稻品种。株型较紧凑，株高适中，分蘖力中等，抗倒性较差。叶色绿，剑叶较宽、略披。穗层整齐，长穗型，着粒较稀。谷粒细长，稃尖无色，有短芒。区域试验中亩有效穗 17.6 万，株高 122.9 厘米，穗长 26.7 厘米，每穗总粒数 165.8 粒，每穗实粒数 140.5 粒，结实率 84.8%，千粒重 28.35 克。全生育期 131.8 天，比 Q 优 6 号短 1.9 天。抗病性鉴定为稻瘟病综合指数 2.4，穗瘟损失率最高级 5 级；白叶枯病 7 级；中感稻瘟病，感白叶枯病。

栽培要点：（1）适时播种，培育壮秧。鄂北 4 月中旬播种，鄂中、鄂东等地 4 月底至 5 月初播种。大田亩用种量 0.8 千克，播种前用咪鲜胺浸种。秧苗 2 叶 1 心期适量喷施多效唑，以培育带蘖壮秧。（2）及时移栽，插足基本苗。秧龄 30 ～ 35 天。大田株行距 13.3 厘米 ×30.0 厘米或 16.7 厘米 ×26.7 厘米，亩插基本苗 8 万左右。（3）科学管理肥水。该品种对氮肥较敏感，一般亩施纯氮 8 千克、五氧化二磷 5 ～ 6 千克、氯化钾 12 ～ 14 千克，早施追肥，少施或不施穗肥，后期不宜施氮肥，适当增施磷钾肥，以提高抗倒性。亩苗数达到 15 万左右分多次晒田，苗好重晒，苗差轻晒，中后期田间干湿交替，成熟时不宜断水过早。（4）病虫害防治。注意防治纹枯病、稻曲病、稻瘟病和螟虫、稻飞虱等病虫害。

适宜范围： 适于湖北省鄂西南以外地区的中低肥力田块作中稻种植，低湖田和易涝田不宜种植。

44. 博优 998

亲本来源： 博 A（♀）广恢 998（♂）

选育单位： 广东省农业科学院水稻研究所

品种类型： 籼型三系杂交水稻

适种地区： 海南、广西中南部、广东中南部、福建南部双季稻稻瘟病轻发

区作晚稻种植

广东省农科院水稻研究所以博A为母本，以优质抗病广谱恢复系广恢998为父本选配出的弱感光型杂交稻组合（黄慧君等，2002）

2003年广西认定，编号：桂审稻2003022号

品种来源：广东省农科院水稻研究所利用博A（博白县农科所育成）与自选的恢复系广恢998配组而成的感光型杂交水稻组合。

特征特性：属感光型，桂南晚稻种植，7月上旬播种，秧龄25天左右，全生育期117天左右（手插秧）；群体生长整齐，耐寒性较强，株型适中，叶色浓绿，叶姿挺直，长势繁茂，熟期转色较好，抗倒性强，落粒性中；株高100厘米左右，每亩有效穗数21万左右，穗长22.0厘米左右，每穗总粒数131粒左右，结实率87.3%左右，千粒重22.1克。据农业部稻米及制品质量监督检测中心分析：糙米率79.8%，精米率73.3%，整精米率66.2%，粒长5.7毫米，长宽比2.6，垩白粒率32%，垩白度3.6%，透明度2级，碱消值5.9级，胶稠度52毫米，直链淀粉含量19.8%，蛋白质含量11.0%。试点田间观察发现有轻级苗叶瘟和白叶枯病；人工接种抗性鉴定：苗叶瘟7级，穗瘟7～9级，白叶枯病5～7级，褐稻虱9.0级。

产量表现：2001年晚稻参加自治区水稻品种迟熟组区试初试，六个试点（南宁、玉林、钦州、合浦、百色、藤县）平均亩产463.8千克，比对照博优桂99增产8.8%，达极显著水平，位居第一；2002年晚稻续试，四个试点（南宁、玉林、钦州、藤县）平均亩产494.3千克，比对照博优253增产3.1%，不显著，位居第一，生产试验两试点（玉林、藤县）平均亩产496.2千克，比对照博优253减产1.1%。同期在试点面上多点试种，一般亩产450～500千克。

自治区品审会意见：经审核，该品种已经广东省农作物品种审定委员会审定，符合广西水稻品种审定标准，予以认定（认定号：粤审稻200116号），可在桂南稻作区作晚稻种植，但应注意防治稻瘟病等病虫害。

45. 威优 647

亲本来源：威 20A（♀）R647（♂）

选育单位：湖南省安江农业学校；湖南杂交水稻研究中心

完成人：邓小林

品种类型：籼型三系杂交水稻

适种地区：湖南；广西北部

2001 年广西审定，编号：桂审稻 2001086 号

品种来源：湖南杂交水稻研究中心用 V20A 与父本 647 配组而成的感温型中熟组合。桂林地区种子公司于 1991 年引进。

报审单位：桂林市种子公司

特征特性：桂北种植全生育期早造 124 天左右，晚造 110 天左右。株叶型集散适中，生长势强，叶片挺直，叶色淡绿，分蘖力较强，抽穗整齐，穗大粒多，熟色好。株高 101 ～ 110 厘米，亩有效穗 18 ～ 20 万，每穗总粒 120 ～ 180 粒，结实率 85% 左右，千粒重 30.0 克，米质一般，田间种植表现较抗稻瘟病。

产量表现：1992—1993 年晚造参加桂林地区区试，平均亩产分别为 498.9 千克和 468.7 千克，比对照汕优桂 99 增产 6.3% 和 10.4%。1992 年 -2001 年桂林市累计种植面积 40 万亩左右，一般亩产 500 千克左右。

栽培要点：参照威优 64 进行。

制种要点：（1）桂北早制父母本叶龄差 7.2 叶，晚制时差 26 天。（2）母本抽穗 5% 时始喷九二 O，亩用量 14 ～ 16 克。（3）注意防治黑粉病。

自治区品审会意见：经审核，桂林市农作物品种评审小组评审通过的威优 647，符合广西水稻品种审定标准，通过审定，可在桂北作早、晚稻推广种植。

46. 金优 63

亲本来源：金 23A（♀）明恢 63（♂）

选育单位：湖南省常德市农业科学研究所

品种类型：籼型三系杂交水稻

适种地区：湖南；广西中北部；贵州海拔 1000 米以下地区

2002 年陕西引种，编号：陕引稻 2002001

2001 年广西审定，编号：桂审稻 2001098 号

品种来源：桂林地区种子公司于 1994 年用金 23A 与父本明恢 63 配组而成的感温型迟熟组合。

报审单位：桂林市种子公司

特征特性：桂林市种植全生育期早造 130 天左右，中造 128 天左右，晚造 115 天左右。株叶型适中，生长势强，叶片细长挺直，叶色淡绿，分蘖力中等，后期熟色好，株高 105 ～ 110 厘米，亩有效穗 18 ～ 20 万，每穗总粒 120 ～ 150 粒，结实率 77%左右，千粒重 25.5 ～ 27 克，外观米质好。田间种植表现较抗稻瘟病。

产量表现：1994—1995 年晚造参加桂林地区区试，平均亩产分别为 467.8 千克和 474.3 千克，比对照汕优桂 99 增产 10.4% 和 9.1%。1994—2001 年桂林市累计种植面积 20 万亩左右，一般亩产 450 ～ 500 千克。

栽培要点：不宜偏施氮肥和后期断水过早。其他参照金优桂 99 进行。

制种要点：（1）桂北早制父母本叶龄差 9.3 叶；晚制时差 45 天左右。（2）母本抽穗 10% ～ 15% 时始喷九二 O，亩用量 12 ～ 14 克。（3）注意防治黑粉病。

自治区品审会意见：经审核，桂林市农作物品种评审小组评审通过的金优 63，符合广西水稻品种审定标准，通过审定，可在桂中、桂北作中、晚稻推广种植。

47. 威优 63

亲本来源：威 20A（♀）明恢 63（♂）

选育单位：三明市农业科学研究所

完成人：谢华安；郑家团

品种类型：籼型三系杂交水稻

1991 年湖南认定，编号：湘品审（认）第 150 号

1988 年福建审定，编号：闽审稻 1988006

品种来源：威优 63 是三明市农科所用自选恢复系“明恢 63”与“V20A”，于 1982 年配组而成的籼型杂交水稻组合，1988 年 2 月通过福建省农作物品种审定（审定编号：闽审稻 1988006）。

特征特性：威优 63 属基本营养型，全生育期 125 ～ 127d 左右，比汕优 63 早熟五天左右，丰产性好，米质优于汕优 63。威优 63 主茎 15 ～ 16 叶，地上节间 4 节，株高 92 厘米，株型集散适中，叶片稍宽，后期偏施氮肥，剑叶易披，叶片呈青绿，豆青色。分蘖力较强。亩有效穗 18 万～ 19 万，穗形大，每穗粒数 110 左右，粒形长大，千粒重 31.5 克，结实率 82.5%。米饭适口性好，食味佳。威优 63 较抗稻瘟病，中抗白叶枯病。抗旱力强，对低磷、钾土壤适应性好。

产量表现：威优 63 于 1982 年参加三明市晚稻品种区试，平均亩产 418 千克，仅次于汕优 63，居第二位，比对照汕优 2 号（亩产 368.45 千克）亩增 49.55 千克，增产 13.45%；1984、1985 两年参加省晚季杂优区试，亩产接近汕优 63。

据全国农技推广服务中心历年汇编数据统计，该品种 1982 年以来累计推广 1000 万亩以上。

48. 特优 524

亲本来源：龙特甫 A（♀）R524（♂）

选育单位：汕头市农业科学研究所

品种类型：籼型三系杂交水稻

适种地区：广东省粤北以外地区作早造种植

广东省汕头市农科所与汕头市农业局联合用强恢复系R524与龙特浦A配组选育的高产稳产组合（许大熊等，2002）

2000年广西审定，编号：桂审稻200031号

育种者：北流市种子公司

品种来源：母本：特A；父本：R 524（北流市种子公司于1996年从广东汕头市农科所引进）

特征特性：该品种属感温型迟熟组合，全生育期桂南早造125～128天，晚造115～118天，株高105～110厘米，株叶型紧凑，茎秆粗壮，叶片厚直，耐肥抗倒，分蘖力中等，抗病力和抗寒力强，后期熟色好，但米质较差。亩有效穗17～19万，每穗总粒150～180粒，结实率82.0%～90.0%，千粒重28.9～29.5克。

产量表现：1996—1997年参加玉林市区试，其中：1996年早、晚造平均亩产为470.1千克和439.3千克，分别比对照汕优桂99和博优64增产6.3%和7.09%；1997年早造平均亩产为448.9千克，比对照特优63减产0.7%。1996—1999年玉林市累计种植76.87万亩，一般亩产500～600千克。

栽培要点：参照特优63进行。

制种要点：（1）因特A种性上的原因，宜安排在中、晚造制种。（2）父母本播错期为4～5天。（3）坚持用特A原种制种，并严格除杂，保证杂交一代种子质量。

1997年广东审定，编号：粤审稻1997004

品种来源：龙特浦A/R524（明恢63/特青）

特征特性：感温型杂交稻组合。全生育期早造130天，与汕优63相近。株高109厘米，株型紧凑，茎秆粗壮，功能叶短、厚、直，分蘖力较弱，穗大粒多、粒重，每穗总粒数139～146粒，结实率83%，千粒重29克，抗倒力强，后期熟色好。稻米外观品质为早造四级。稻瘟病全群抗性比78.3%，感白叶枯病（7级）。

产量表现：1994、1995 年两年早造参加广东省区试，亩产分别为 483.5 千克、486.5 千克，比对照组合汕优 63 增产 5.59% 和 6.55%，增产均未达显著水平。

适宜范围：适宜粤北以外地区作早造种植。

注意事项：由于该组合不育系在外界条件适合时，有少量自交结实现象，因此制种要特别注意选用纯度高的不育系，以确保杂交种子的纯度。

栽培要点：后期慎施氮肥，注意防治稻瘟病。

49. 川香优 2 号

亲本来源：川香 29A（♀）成恢 177（♂）

选育单位：四川省农业科学院作物研究所；四川华丰种业有限责任公司

完成人：任光俊；陆贤军；高方远；李青茂；刘光春

品种类型：籼型三系杂交水稻

适种地区：四川、湖北、湖南、江西、福建、安徽、浙江、江苏省的长江流域和重庆市、云南、贵州省的中、低海拔稻区（武陵山区除外）以及陕西省汉中、河南省信阳地区白叶枯病轻发区作一季中稻种植

四川省农科院作物所用川香 29A 与成恢 177 配组育成的香型杂交水稻组合（陆贤军等，2002）

2007 年广东韶关市审定，编号：韶审稻第 200706 号

选育单位：四川华丰种业有限责任公司

品种来源：川香 29A/ 成恢 177

特征特性：感温型三系杂交稻组合。晚造全生育期 114 ～ 117 天，比金优桂 99（ck）迟熟 4 ～ 5 天。生势强，株型集中，分蘖力较弱，耐肥抗倒，抽穗整齐，穗大粒多，结实率较高，千粒重大，米质优，产量较高，高抗稻瘟病。株高 98.4 ～ 106.0 厘米，穗长 22.4 ～ 24.3 厘米，亩有效穗 15.2 万～ 16.7 万，平均每穗总粒 127.4 ～ 138.4 粒，结实率 80.1% ～ 82.0%，千粒重 28.7 ～ 29.2 克。晚造米质达省标优质 3 级，主要指标：出糙率 80.6%，整精米率 53.2%，垩白粒率 10%，垩白度 4.3%，直链淀粉（干基）25.0%，食味

品质分80分，胶稠度40毫米，长宽比2.8。高抗稻瘟病，B群、C群和总抗性频率分别为93.3%、92.9%、93.9%，病圃鉴定叶瘟病级3，穗瘟病级1。

产量表现：2004年晚造参加市区试，平均亩产418.14千克，比金优桂99（ck）亩减产28.69千克，减幅6.4%，减产达极显著水平；2005年晚造复试，平均亩产431.93千克，比金优桂99（ck）亩增产28.08千克，增幅7.0%，增产达极显著水平；2006年晚造再试，平均亩产490.96千克，比金优桂99（ck）亩增产23.65千克，增幅2.9%，增产达极显著水平。2006年晚造在南雄、始兴、曲江、仁化、翁源县（市、区）参加大区表证，平均亩产471.12千克，比金优桂99（ck）亩增产21.84千克，增幅4.9%。

栽培要点：（1）适时早播，培育壮秧。要求6月25日左右播种，秧田亩播种量10千克左右，大田用种量每亩1.0～1.25千克。（2）合理密植。一般亩播2.0万穴左右，基本亩6万～8万。（3）合理肥水管理。原则上要施足基肥，早施重施分蘖肥，生长后期注意看苗增施壮尾肥；水分管理上，浅水回青促分蘖，够苗及时露晒田，孕穗至抽穗保持浅水层，后期干干湿湿到收获。（4）做好病虫害的防治。

市品审小组审定意见：川香优2号为感温型三系杂交稻组合，晚造全生育期114～117天，比金优桂99（ck）迟熟4～5天，丰产性较好，晚造米质达省标优质3级，高抗稻瘟病。适宜在我市中造地区种植及前作为黄烟、西瓜等较早熟作物迹地晚造使用。在栽培上要做好播植期安排，确保安全齐穗。符合品种审定标准，审定通过。

50. 博优3550

亲本来源：博A（♀）广恢3550（♂）

选育单位：广东省农业科学院水稻研究所；湛江农业专科学校

品种类型：籼型三系杂交水稻

适种地区：广东省中南部非白叶枯病易发区作晚造种植

2000年广西审定，编号：桂审稻200053号

申请者：岑溪市种子公司

育种者：岑溪市种子公司

品种来源：**母本**：博A；父本：3550（从广东引进）

特征特性：该品种属感光型晚籼组合，桂南7月上旬播种，全生育期125天左右。株高85～95厘米，株型紧凑，分蘖力强，亩有效穗19万左右，穗长21～22厘米，每穗总粒120～130粒，结实率90.0％左右，千粒重21～22克，高抗稻瘟病，米质中等。

产量表现：1996年晚造在岑溪市进行品比试验，亩产为394.2千克，比对照博优64增产7.0％；1998年续试，亩产为418.9千克，比对照博优64增产4.8％。1996—1999年在岑溪市累计种植5.4万多亩，一般亩产450～500千克。

栽培要点：参照博优桂99进行。

制种要点：早制父本主茎叶片数为20叶左右，母本主茎叶片数为13叶左右，父母本叶差10叶左右；晚制时差32天左右。其他参照博优系列组合制种技术进行。

51. 汕优559

亲本来源：珍汕97A（♀）盐恢559（♂）

选育单位：江苏沿海地区农业科学研究所

完成人：姚立生

品种类型：籼型三系杂交水稻

沿海地区农业科学研究所用珍汕97A和盐恢559配组育成（唐红生等，2000）

1998年江苏审定，编号：苏种审字第290号

江苏沿海地区农科所以珍汕97A与盐恢559配组，于1991年育成的中熟杂交中籼稻组合。

特征特性：1995—1996年两年省区域试验，平均每亩产量658.53千克，

比对照汕优 63 增产 7.39%，达显著水平，居首位。1997 年省生产试验，平均每亩产量 590.73 千克，比对照汕优 63 增产 10.67%，丰产性、适应性、稳产性好。该组合株型较紧凑，株高 113 厘米左右。分蘖性较强，穗大粒多，穗粒结构较协调，一般有效穗 240 穗 / 平方米，每穗总粒数 190 粒左右，结实率近 90%，千粒重 27.5 克左右，外观米质中上，糙米率 82%，整精米率 61.3%，直链淀粉含量 16.27%。全生育期 146 天左右，熟相好，抗倒性中等，中抗白叶枯病，抗稻瘟病，纹枯病轻，综合性状较突出。可在中籼稻地区中上等肥力条件下种植。

52. 汕优 36 辐（温优 3 号）

亲本来源：珍汕 97A（♀）IR36 辐（♂）

选育单位：温州市农业科学研究所

品种类型：籼型三系杂交水稻

适种地区：浙江、江西、湖南、广西、贵州等省

以珍汕 97A 与 IR36 辐配组而成的早熟中籼型组合（毛新余等，1989）

1998 年福建莆田市审定，编号：闽审稻 1998B03（莆田）

1994 年国家审定，编号：GS01002—1993。品审会已于 2009 年终止推广

特征特性：籼型杂交稻中熟组合。株高 88 ～ 95 厘米，株型紧凑，茎秆坚韧，主茎叶片数 15 ～ 16 片，亩有效穗 21 万～ 22 万，每穗总粒数 115 ～ 125 粒，结实率 85% ～ 88%，千粒重 27 ～ 28.5 克。生育期 127 ～ 130 天，比汕优 6 号早熟 2 ～ 3 天。耐肥性较强，不易倒伏，后期较耐寒。对稻瘟病、褐飞虱抗性比汕优 6 号强，对白叶枯病的抗性次于汕优 6 号。

产量表现：一般亩产 400 千克左右。

栽培要点：秧龄控制在 30 ～ 35 天为宜，亩播 8 万～ 10 万基本苗，追肥宜早。

适种区域：浙江、江西、湖南、湖南等省。

53. 威优 1126

亲本来源： 威 20A（♀）R1126（♂）

选育单位： 湖南杂交水稻研究中心

完成人： 王三良

品种类型： 籼型三系杂交水稻

适种地区： 湖南省适宜区

湖南杂交水稻研究中心于 1986 年育成，威 20A×1126（王三良，1988）

1989 年湖南审定，编号：湘品审第 41 号

54. 威优辐 26（威优华联 2 号；威辐 26）

亲本来源： 威 20A（♀）华联 2 号（♂）

选育单位： 湖南杂交水稻研究中心；华联杂交水稻开发公司

品种类型： 籼型三系杂交水稻

适种地区： 湖南、广西、江西等地

1991 年湖南审定，编号：湘品审第 74 号

威优华联 2 号，配组为 V20A× 华联 2 号（原名辐 26—7），是由湖南杂交水稻研究中心、华联杂交水稻开发公司育成的中熟偏迟杂交早稻新组合。其恢复系华联 2 号为 26 窄早经辐射等手段处理后所获得的早熟突变体，而后测交筛选育成。

55. 五丰优 T025

亲本来源： 五丰 A（♀）昌恢 T025（♂）

选育单位：江西农业大学农学院

品种类型：籼型三系杂交水稻

适种地区：江西、湖南、湖北、浙江以及安徽长江以南的稻瘟病、白叶枯病轻发双季稻区

江西农业大学农学院利用优质三系不育系五丰A与自育的强恢复系昌恢T025组配，于2004年选育而成的高产优质早熟杂交晚籼稻组合（贺浩华等，2013）

2010年国家审定，编号：国审稻2010024

特征特性：该品种属籼型三系杂交水稻。在长江中下游作双季晚稻种植，全生育期平均112.3天，比对照金优207长1.4天。株型适中，叶姿挺直，熟期转色好，叶鞘、稃尖紫色，每亩有效穗数18.8万穗，株高103.3厘米，穗长22.8厘米，每穗总粒数174.6粒，结实率77.7%，千粒重22.8克。抗性：稻瘟病综合指数5.5级，穗瘟损失率最高级9级；白叶枯病7级；褐飞虱9级。米质主要指标：整精米率56.1%，长宽比2.9，垩白粒率29%，垩白度4.7%，胶稠度52毫米，直链淀粉含量22.5%，达到国家《优质稻谷》标准3级。

产量表现：2007年参加长江中下游晚籼早熟组品种区域试验，平均亩产501.1千克，比对照金优207增产3.2%（极显著）；2008年续试，平均亩产501.5千克，比对照金优207增产0.8%（不显著）。两年区域试验平均亩产501.3千克，比对照金优207增产2.0%，增产点比率55.4%。2009年生产试验，平均亩产490.11千克，比对照金优207增产14.0%。

栽培要点：（1）育秧：适时播种，大田每亩用种量1.0～1.5千克，稀播匀播，培育壮秧。（2）移栽：秧龄不超过30天，适时移栽，栽插规格13.3厘米×26.7厘米或16.7厘米×20厘米，每穴栽插2苗。（3）肥水管理：每亩施用纯氮11～13千克、五氧化二磷5.5～6.5千克、氧化钾11～13千克，施足基肥，稳施促蘖肥，基、蘖肥比6.5 ∶ 3.5，后期看苗补施穗肥。浅水返青，浅水分蘖，够苗晒田，薄水抽穗，干湿壮籽，收获前5～7天断水。（4）病虫防治：注意及时防治稻瘟病、白叶枯病、纹枯病、螟虫、稻飞虱等病虫害。

审定意见：该品种符合国家稻品种审定标准，通过审定。熟期适中，产量中等，高感稻瘟病，感白叶枯病，高感褐飞虱，米质优。适宜在江西、湖

南、湖北、浙江以及安徽长江以南的稻瘟病、白叶枯病轻发的双季稻区作晚稻种植。

56. 淦鑫 688（昌优 11 号）

亲本来源：天丰 A（♀）昌恢 121（♂）

选育单位：江西农业大学农学院

完成人：贺浩华；傅军如；朱昌兰；贺晓鹏；彭小松；严长发；余秋英；欧阳林娟；陈小荣；田发春；邓聚成；刘宜柏；边建民；胡丽芳；李土明；彭炳生；徐小红；余厚理；李长生；高珍珠

品种类型：籼型三系杂交水稻

江西农业大学农学院用天丰 A 与自选的香稻新恢复系昌恢 121 配组育成的香型杂交水稻组合，原名昌优 11 号（贺浩华等，2008；彭炳生等，2006）

2010 年湖南引种，编号：湘引种 201026 号

2006 年江西审定，编号：赣审稻 2006032

品种来源：天丰 A× 昌恢 121（粤香占 / 香籼 402）杂交选配的杂交晚稻组合

特征特性：全生育期 123.7 天，比对照汕优 46 迟熟 1.4 天。该品种株型紧凑，生长整齐，叶色浓绿，剑叶宽挺，生长旺盛，茎秆粗壮，分蘖力强，有效穗较多，穗粒数多，着粒密，结实率较高，熟期转色好。株高 101.6 厘米，亩有效穗 19.7 万，每穗总粒数 146.6 粒，实粒数 112.2 粒，结实率 76.5%，千粒重 24.9 克。出糙率 80.1%，精米率 68.8%，整精米率 58.9%，垩白粒率 57%，垩白度 4.0%，直链淀粉含量 25.34%，胶稠度 30 毫米，粒长 7.1 毫米，长宽比 3.2，有香味。稻瘟病抗性自然诱发鉴定：苗瘟 5 级，叶瘟 5 级，穗瘟 3 级。

产量表现：2004—2005 年参加江西省水稻区试，2004 年平均亩产 526.69 千克，比对照汕优 46 增产 1.57%；2005 年平均亩产 468.38 千克，比对照汕优 46 增产 4.98%。

适宜地区：江西全省稻瘟病轻发区种植。

栽培要点：6月20日左右播种，秧田播种量每亩10千克，大田用种量每亩1.0～1.5千克。栽插规格4寸×7寸或5寸×6寸，每亩插2万穴，每穴2粒谷，亩基本苗10万～12万。亩用鲜稻草150～200千克还田、钙镁磷肥25～30千克作基肥，栽前用20～25千克碳铵作面肥，栽后6～7天追施尿素4～5千克、氯化钾7.5千克，保蘖促花肥亩施尿素2～3千克，后期看苗追肥。浅水插秧，浅水返青，活穴后露田促根，遮泥水分蘖，够苗晒田，薄水抽穗，干湿壮籽，割前7～10天开沟断水。注意稻曲病及其他病虫害的防治。

57. 辐优838

亲本来源：辐74A（♀）辐恢838（♂）

选育单位：四川省原子核应用技术研究所

完成人：邓达胜；杨成明；陈浩；邓文敏；吴万义；邓丽；卢跃华；谈希里；董绍斌；冯磊；童朝俊；邱秀琼；刘勇强；张凯凯；吴茂力；吴孝波；孔德伟

品种类型：籼型三系杂交水稻

适种地区：川西平坝及川西北丘陵区作配搭品种

辐74A与恢复系辐恢838配组（邓文敏等，1998）

1997年四川审定，编号：川审稻73号

四川省原子核应用技术研究所用自育的不育系辐74A与自育的恢复系838配组而成。该组合全生育期145天，比汕优63早熟6～8天，与矮优S相同。株高115厘米，分蘖力强，繁茂性好，秆粗抗倒，后期转色好。穗平着粒150，结实率85%～90%，千粒重28～29克。糙米率81%，精米率70%。食味和外观品质与汕优63相当。中抗稻瘟病，两年病菌接种鉴定叶瘟3～5级，颈瘟0～5级。1995年和1996年参加省区试，平均单产分别为7618、8016千克/公顷，两年平均单产7817千克/公顷，比对照汕优195平均单产7165千克/公顷，增产9.1%。1995年参加全国南方杂交稻中籼早中熟组区

试，平均单产 8433 千克 / 公顷，比对照威优 64 增 15.2%。1996 年全国区试平均单产 7920 千克 / 公顷，比对照增产 16.72%。该组合中抗稻瘟病，丰产性较好，适宜在川西平坝及川西北丘陵区作搭配品种种植。

58. 汕优 30 选

亲本来源：珍汕 97A（♀）30 选（♂）

选育单位：广西农业科学院水稻研究所

品种类型：籼型三系杂交水稻

1983 年广西审定，编号：桂审证字第 001 号

品种来源：广西以 1974 年引入的“IR2153—159—1—4”为材料，经过 1975—1978 年的系选及成对测筛，1979 年又进一步对恢复力强的“77T39”株系进行签纯及配组参加区试，定名为“汕优 30 选”。

特征特性：属弱感光型，生育期比双亲延长，不宜作早稻种植。在桂南地区作晚稻栽培，一般于 7 月上旬播种，10 月底到 11 月初收割，全生育期 112 ～ 115 天。株高 105 ～ 115 厘米，株形集散适中。根系发达，耐肥抗倒。分蘖力中等，茎秆坚韧。主茎叶片数 16 ～ 17 片，叶片挺直、稍大。后期较耐低温，功能叶的生长维持时间长，灌浆结实期比其他组合长 3 ～ 5 天，叶片转色好，成熟时青枝腊秆。穗长 22 ～ 25 厘米，每穗 114 ～ 179 粒，实粒 90 ～ 140 粒，结实率 80% ～ 85%，千粒重 26.5 克。米质中上等。中抗稻瘟病、白叶枯病、稻飞虱。

栽培要点：（1）适时播种，培育多蘖壮秧。晚稻播种期应安排在 7 月 5 ～ 10 日为宜，每亩秧田播种量 10 千克左右，秧龄 20 ～ 25 天，培育成 3 蘖以上的壮秧。（2）合理密植。一般插 23 厘米 ×13.5 厘米（7 寸 ×4 寸）或 20 厘米 ×13.5 厘米（6 寸 ×4 寸）的规格，每亩插足基本苗 10 万左右，力争一、二次分蘖大部分成穗，提高成穗率。并要注意试插，争取低位分蘖多。（3）科学施肥。要施足基肥，早施返青肥，重施分蘖、壮蘖肥，巧施胎肥或粒肥。根据北流县的经验，氮、磷、钾的比例为 1 ： 0.5 ： 1，具体做法是插

后5天左右施返青肥，9～12天重施分蘖肥，前期用肥要占计划用肥的80%左右，以后看苗施肥，后期巧施壮尾肥，酌情根外追肥。（4）水的管理掌握“深—浅—露晒—干干湿湿”的原则，但后期不能断水过早，否则会影响结实率和饱满度。（5）注意防治病虫害，贯彻以防为主的方针，把病虫消灭在初发期。

适应地区和产量水平：适于广西桂南地区作晚稻栽培，一般亩产400～500千克，高的达500千克以上。

据全国农技推广服务中心历年汇编数据统计，该品种1982年以来累计推广900万亩以上。

59. 深优9516

亲本来源：深95A（♀）R7116（♂）

选育单位：清华大学深圳研究生院

完成人：武小金

品种类型：籼型三系杂交水稻

清华大学深圳研究生院用不育系深95A与自育恢复系R7116配组选育而成的感温型三系杂交稻组合（陈辰洲等，2016）

2012年广东韶关审定，编号：韶审稻201207

选育单位：清华大学深圳研究生院

品种来源：深95A/R7116

特征特性：感温型三系杂交水稻组合。晚造全生育期114～120天。比金优桂99（ck）迟熟5～7天。表现生势强，株型集中，分蘖力较强，植株较高，穗大粒多，米质优，丰产性突出。株高109.2～115.2厘米，穗长23.0～23.2厘米，亩有效穗16.2万～18.3万，平均每穗总粒139～153粒，结实率72.7%～73.0%，千粒重27.8～28.0克。晚造米质鉴定省标优质2级，国标优质3级，出糙率81.8%，整精米率63.8%，垩白粒率20%，垩白度4.6%，直链淀粉（干基）18.6%，食味品质分81分，胶稠度80毫米，长宽比3.1。抗稻瘟病，B群、C群和总抗性频率分别为84.4%、91.7%、88.5%，病

圃鉴定叶瘟病级 1.5，穗瘟病级 2.0。抗寒性（人工气候室模拟）鉴定孕穗期、开花期均表现为中。

产量表现：2010 年晚造参加市区试，平均亩产 430.8 千克，比金优桂 99（ck）亩增产 22.4 千克，增幅 5.4%，增产达极显著水平；2011 年晚造复试，平均亩产 457.4 千克，比金优桂 99（ck）亩增产 39.4 千克，增幅 9.43%，增产达极显著水平；2011 年晚造大田试验，平均亩产 463.5 千克，比金优桂 99（ck）亩增产 45.5 千克，增幅 10.9%。

栽培要点：（1）疏播培育分蘖壮秧。（2）施足基肥，早施分蘖肥，中期适当控肥，后期看苗巧施穗肥。（3）做好病虫害的综合防治。

市品审小组审定意见：深优 9516 为感温型三系杂交水稻组合，晚造全生育期比金优桂 99（ck）迟熟 5 ～ 7 天，丰产性突出，晚造米质鉴定为省标优质 2 级，国标优质 3 级，抗稻瘟病，适宜我市晚造搭配使用，栽培上注意早播早插。

60. 特优 838

亲本来源：龙特甫 A（♀）辐恢 838（♂）

选育单位：广西容县种子公司；平南县种子公司

品种类型：籼型三系杂交水稻

2000 年广西审定，编号：桂审稻 200034 号

申请者：容县种子公司、平南县种子公司

育种者：容县种子公司、平南县种子公司

品种来源：母本：特 A；父本：辐恢 838（四川省原子核应用研究所引进）

特征特性：该品种属感温型迟熟组合，全生育期桂南早造 126 天左右，晚造 110 天，株叶型紧凑，茎秆粗壮，叶片厚直，根系发达，耐肥抗倒，分蘖力中等，抗稻瘟病能力强，后期青枝腊秆，熟色好，米质中等。亩有效穗 19 万～ 20 万，每穗总粒 120 ～ 132 粒，结实率 90.0％左右，千粒重 29 ～ 30 克。

产量表现：1998 年参加玉林市区试，早、晚造平均亩产为 472.4 千克和 519.4 千克，分别比对照特优 63、博优 64 增产 4.4%和 6.4%。1997—2000 年早造玉林市累计种植 35.9 万亩，一般亩产 500 ～ 550 千克。

栽培要点：参照特优 63 进行。

制种要点：（1）因特 A 种性上的原因，宜安排在中、晚造制种。（2）父母本播错期为 3 ～ 4 天。（3）坚持用特 A 原种制种，并严格除杂，保证杂交一代种子质量。

61. 博优 49

亲本来源：博 A（♀）测 64—49（♂）

选育单位：广西博白县农科所

品种类型：籼型三系杂交水稻

1993 年广西审定，编号：桂审证字第 083 号

申请者：博白县农科所

育种者：博白县农科所

品种来源：博优 49 是博白县农科所于 1988 年利用博 A 与从广东省清远县引进的测 64—49 的一个单株系测配育成的杂交稻早熟组合。

特征特性：该组合生育期短（早造桂南 112 ～ 117 天，桂中 116 ～ 120 天），分蘖力强，成穗率高达 79.2%，有效穗 24.3 万，株叶型集散适中，长势旺盛，抗倒力强，抽穗整齐、熟色好，株高 87.2 厘米、穗大，每穗总粒 113.2 粒，实粒 86.6 粒，结实率 76.5%，千粒重 23.3 克，米质中等，中抗稻瘟病。

产量表现：该组合经 1989—1990 年玉林地区二年区试，早造平均亩产 457.4 千克，比汕优 64 增产 3.4%，早熟 5 天；晚造平均亩产 435.4 千克，比汕优 64 增产 1.5%，早熟 6 天，评为入选组合。1991 年早造参加自治区区试，桂南、桂中 17 个试点，平均亩产 427.86 千克，比威优 64 减产 2.84%，不显著，名列第二；其中桂南 10 个点平均亩产 403.3 千克，比威优 64 减产 4.63%，有 7 个点增产，名列第七；桂中 7 个点平均亩产 424.4 千克，比威优

64略有减产，名列第二，但比威优64早熟4天。1992年早造续试，桂南、桂中16个点平均亩产454.14千克，比威优64略有减产，居第二位；其中桂南9个点平均亩产464.85千克，比威优64减产4.94%，不显著，名列第二；桂中7个点平均亩产438.08千克，比威优64减产2.7%，也居第二。自治区区试认为该组合生育期短，分蘖力强，成穗率高，米质较好，省肥易种，中抗稻瘟病，也评为入选品种。同期，该组合也参加南方稻区区试，平均亩产441.6～448.9千克，其产量水平与威优49相当。

栽培要点：（1）博优49生育期较短，而种子粒小宜稀播。每亩秧田播量以6千克为宜，本田用种量一般亩用1.25～1.5千克。播时下足基肥，早施追肥，早造育成5.5～6片叶的分蘖壮秧，晚造培育成18～20天秧龄的嫩壮秧。一般早造于3月上中旬播种，晚造于7月上中旬播种为宜。（2）合理密植。由于博优49早熟，生育期短，所以应插19.8厘米×13.2厘米（6寸×4寸）规格，双本插植，每亩插足12万～15万基本苗，争取有效穗23万～25万。（3）合理施肥与用水。博优49是适应性较广的早熟组合，桂南适宜在亩产400千克左右田块种植，亩施纯氮7.5千克，配施磷、钾肥，最好是以有机肥为主，基肥和促蘖肥应占总施肥量的80%，穗粒肥看苗施用20%。水的管理前期宜浅灌，够苗露晒，后期湿润管理。

制种要点：博优49组合，可早晚两造进行制种。早造由于父母本生育期较接近，所以采用两期父本，第一期父本与母本同播，第二期父本于一期父本长出1.5叶时播，这样一期父本与母本可同时始穗，部分田块比母本早2～3天，花遇良好。晚造制种，父本播种至始穗期为56～57天，母本按常年65天为标准，安排父母本同时始穗或母早一天，则一期父本播期应比母本迟播8天，二期迟播13天。

62. 威优644

亲本来源：威20A（♀）R644（♂）

选育单位：湖南杂交水稻研究中心

完成人：周坤炉；阳和华；徐秋生

品种类型：籼型三系杂交水稻

适种地区：湖南

湖南杂交水稻研究中心用V20A与恢复系644配组而成的迟熟杂交晚稻组合（阳和华等，1997；周坤炉等，1997）

1997年湖南审定，编号：湘品审第203号

特征特性：三系杂交晚籼组合。该组合株型适中，茎秆粗壮，叶色淡绿，稃尖紫色，抗寒，抗倒伏。株高98.1厘米，穗总粒119.7粒，结实率75.2%，千粒重28.1克，糙米率80%，精米率69.5%，整精米率59.2%，垩白粒率94.8%，垩白大小20.5%。1994年参加省区试，全生育期125.8天，比威优46短0.9天，亩产438千克，比威优46增产1.06%，不显著；1995年续试，全生育期125天，比威优46相当，平均亩产464.1千克，比威优46减产0.96%，不显著，稳产性较威优46好。秧龄弹性好，抗寒抗倒伏。抗性鉴定：叶瘟7级，穗瘟8级，白叶枯7级。可在稻瘟病和白叶枯病轻的地区推广。

栽培要点：一般于6月15日左右播种，秧龄30～35天为宜，栽植密度以16.7厘米×23.3厘米为好，每亩用种量1～1.3千克，耐肥性好，高肥易获高产。

63. 秋优998

亲本来源：秋A（♀）广恢998（♂）

选育单位：广东省农业科学院水稻研究所

品种类型：籼型三系杂交水稻

适种地区：海南、广西中南部、广东中南部、福建南部双季稻区作晚稻种植

1998年早季用广恢998与秋A组配成（符福鸿等，2005）

2004年国家审定，编号：国审稻2004001

特征特性：该品种属弱感光籼型三系杂交水稻，在华南作双晚种植全生育期平均119.3天，比对照博优998迟熟2.6天。株高106.6厘米，株叶形好，

群体整齐，分蘖较强，较易落粒，抗倒力较弱，熟期转色好。每亩有效穗数20.2万穗，穗长22.8厘米，每穗总粒数137.1粒，结实率85.6%，千粒重20.9克。抗性：稻瘟病1级，白叶枯病5级，褐飞虱7级。米质主要指标：整精米率60.0%，长宽比3.0，垩白率15%，垩白度2.7%，胶稠度74毫米，直链淀粉含量22.2%。

产量表现：2002年参加华南晚籼组区域试验，平均亩产433.98千克，比对照博优998减产1.3%（不显著）；2003年续试，平均亩产494.97千克，比对照博优998增产0.59%（不显著）；两年区域试验平均亩产469.85千克，比对照博优998减产0.14%。2003年生产试验平均亩产485.70千克，比对照博优998减产1.60%。

栽培要点：（1）培育壮秧：根据当地种植习惯与博优998同期播种，亩秧田播种10～12.5千克，秧龄控制在22～25天左右。（2）移栽：插植规格为16.5厘米×19.8厘米，亩基本苗6万。（3）肥水管理：施足基肥，早施重施分蘖肥，促进分蘖早生快发，后期酌施穗肥。水浆管理要做到浅水移栽，寸水活苗，薄水分蘖，够苗晒田，后期保持湿润，不可脱水过早。（4）防治病虫：注意防治白叶枯病。

审定意见：经审核，该品种符合国家稻品种审定标准，通过审定。该品种熟期适中，产量较高，稳产性好，抗稻瘟病，中感白叶枯病，米质优。适宜在海南、广西中南部、广东中南部、福建南部双季稻区作晚稻种植。

64. 金优117

亲本来源：金23A（♀）常恢117（♂）

选育单位：常德市农业科学研究所；湖南金健种业有限责任公司

品种类型：籼型三系杂交水稻

适种地区：广东韶关、安徽、重庆、江西、湖南和云南稻瘟病轻发区

湖南省常德市农科所用自育不育系金23A和自育强优恢复系常恢117于1999年杂交配组而成（钟许成等，2006；许明喜等，2005）

2008年云南红河审定，编号：滇特（红河）审稻2008012号

品种来源：该品种是湖南金健种业有限责任公司和常德市农业科学研究所用不育系金23A与新恢复系117配组育成。

特征特性：籼型杂交水稻。全生育期167天，株高97.5厘米，穗长24.9厘米，穗实粒数131粒，结实率82.1%，千粒重31.2克，谷粒长宽比3.6。分蘖力稍弱，剑叶宽大直立，生长整齐，大穗大粒，颖尖紫色无芒，熟期转色好。接种鉴定稻瘟病抗性强。品质检测：整精米率74.2%，垩白粒率26%，垩白质7.3%，粗蛋白8.9%，直链淀粉22.4%，胶稠度35㎜，粒形长宽比2.90。

产量表现：2006—2007年参加红河州杂交水稻新品种区域试验。两年平均亩产696.95千克，比对照增产6.45%；生产试验平均亩产780.1千克，比对照增产13.4%。

适宜区域：适宜红河州内地海拔1400米以下、边疆1350米以下的籼型杂交水稻区种植。

65. 欣荣优华占

亲本来源：欣荣A（♀）华占（♂）

选育单位：北京金色农华种业科技有限公司；中国水稻研究所

完成人：朱旭东；李绍明；曾庆魁；鲁孟海；黄河清；付新民；刘平洲；夏建武；袁绪山；王铎

品种类型：籼型三系杂交水稻

北京金色农华种业科技股份有限公司与中国水稻研究所用江西先农种业有限公司选育的三系不育系欣荣A，与中国水稻研究所选育的华占杂交选配而成的籼型三系晚稻中熟组合（林勇等，2014）

2018年四川审定，编号：川审稻20180017

申请者：北京金色农华种业科技股份有限公司

育种者：北京金色农华种业科技股份有限公司、中国水稻研究所

品种来源：北京金色农华种业科技股份有限公司用自育不育系欣荣A与中国水稻研究所选育的恢复系华占配组育成的中籼中熟三系杂交水稻新品种。

特征特性：该品种两年区试平均全生育期140.6天，比对照辐优838早0.7天。株高平均104.9厘米，株型适中，叶片直立，叶耳、叶舌、颖尖、柱头紫色。亩有效穗15.3万，穗长23.2厘米，每穗着粒数193.2粒，结实率88.5%，千粒重24.2克。品质测定：出糙率80%，整精米率69.8%，长宽比2.7，垩白粒率9%，垩白度2.2%，胶稠度78毫米，直链淀粉14.7%，蛋白质7.2%。稻瘟病抗性鉴定：2015年叶稻瘟5、6、6、6级，感病；颈稻瘟5、7、5、5级，感病。2016年叶稻瘟4、6、4、3级，感病；颈稻瘟5、5、7、5级，感病。

产量表现：2015年参加四川省水稻中籼中熟2组区试，平均亩产573.04千克，比对照辐优838增产7.71%，增产点率89%；2016年中籼中熟组续试，平均亩产586.56千克，比对照增产8.40%，增产点率100%；两年平均亩产579.80千克，比对照增产8.06%，两年共18个试点，17个点增产，增产点率94%。2017年参加四川省水稻中籼中熟组生产试验，平均亩产580.43千克，比对照辐优838增产7.45%。

栽培要点：（1）适时播种，培育壮秧。（2）合理密植。（3）肥水管理：重底早追，氮、磷、钾配合施用。（4）病虫防治：根据植保预测预报，综合防治病虫害，注意防治稻瘟病。

审定意见：该品种符合四川省水稻品种审定标准，通过审定。适宜在四川省平坝、丘陵地区作中熟中稻种植（不含攀西地区）。

66. 汕优3550

亲本来源：珍汕97A（♀）广恢3550（♂）

选育单位：广东省农业科学院水稻研究所

品种类型：籼型三系杂交水稻

适种地区：广东中南部中上肥田种植；广西南部作晚稻种植

广东省农科院水稻所用恢复系3550与珍汕97A配组而成的杂交稻组合（彭惠普，1988）

2001年广西认定，编号：桂审稻2001023号

品种来源：广东省农科院水稻所用珍汕97A与自选的恢复系广恢3550配组而成的感光型组合。

报审单位：玉林市种子公司

特征特性：桂南晚造种植，全生育期122～124天，株叶型紧凑，茎秆粗壮，叶片细厚、挺直，耐肥抗倒，大田种植表现高抗稻瘟病和白叶枯病，分蘖力中等，穗大粒多，后期熟色好。株高110厘米左右，亩有效穗16万～18万穗，穗长24.1厘米，每穗总粒147粒，结实率86.8%，千粒重27.8克，但米质较差。

产量表现：该组合自1991年引进以来，在北流、陆川、容县等地种植，每年种植面积均保持在5万亩左右，一般亩产550千克以上。

栽培要点：（1）适时早播早插。7月5日前播种，8月5日前插（抛）完秧。（2）合理密植。插植规格为23厘米×13厘米或26.5厘米×13厘米，双本插植；抛秧每亩不少于50个秧盘。（3）施足基肥，及时追肥，后期适施壮尾肥。一般亩施纯氮12～15千克。（4）注意后期不宜断水过早和防治病虫害。

制种要点：（1）因广恢3550生育期长，桂南早制晚用，父母本播差期叶龄差为11叶，11月份要播父本；海南制种父母本播差期叶龄差为10叶。秋制父母本播差期为35天。（2）广恢3550使用年代已久，有分离，制种用父本需经提纯复壮，以确保种子纯度。

自治区品审会意见：经审核，该组合已通过广东省农作物品种审定委员会审定，符合广西水稻品种审定标准，予以认定，可在桂南作晚稻推广种植。

67. 博Ⅲ优273

亲本来源：博Ⅲ A（♀）R273（♂）

选育单位：广西博白县农业科学研究所

完成人：王胜金；陈平；赵华龙

品种类型：籼型三系杂交水稻

2000年用新选育的不育系博Ⅲ A与恢复系273配组而成的高产优质杂交稻组合（王腾金等，2004）

2010年广东审定，编号：粤审稻2010029

品种来源：广西壮族自治区博白县农业科学研究所，博IIIA/R273

特征特性：弱感光型三系杂交稻组合。晚造全生育期115～116天，比对照种博优998长1～2天。植株较高，株型中集，分蘖力中强，有效穗较多，结实率较高，抗倒力中弱，耐寒性中。株高111.4～117.4厘米，亩有效穗17.1万～19.8万，穗长22.9～24.2厘米，每穗总粒数121～137粒，结实率85.9%～87.6%，千粒重23.5～24.2克。米质鉴定为国标优质3级，整精米率69.5%～70.3%，垩白粒率13%～16%，垩白度3.2%～5.5%，直链淀粉15.0%～15.4%，胶稠度77～86毫米，长宽比2.8，食味品质分78～82。高抗稻瘟病，全群抗性频率96.7%，对中B群、中C群的抗性频率分别为93.8%和100%，病圃鉴定叶瘟1.5级，穗瘟2.5级；感白叶枯病。

产量表现：2008、2009年晚造参加省区试，平均亩产分别为452.8千克和430.71千克，分别比对照博优998减产1.36%和增产0.65%，增减产未达显著水平。2009年晚造生产试验平均亩产440.75千克，比对照种博优998减产1.49%。日产量3.65～3.90千克。

栽培要点：注意防治白叶枯病和防倒伏。

制种要点：春制父母本叶龄差为5.5～6叶，父本分二期播种，叶龄差1～1.5叶；秋制父母本时差为15～17天。

省品审会审定意见：博III优273为弱感光型三系杂交稻组合。晚造全生育期比对照种博优998长1～2天。产量与对照种相当，米质鉴定为国标优质3级，高抗稻瘟病，感白叶枯病，耐寒性中。适宜我省粤北以外稻作区晚造种植，栽培上要注意防治白叶枯病和防倒伏。符合广东省农作物品种审定标准，审定通过。

68. 特优 175

亲本来源：龙特甫 A（♀）N175（♂）

选育单位：福建省农业科学院稻麦研究所

完成人：王乌齐

品种类型：籼型三系杂交水稻

龙特甫 A 与恢复系 175 配组育成的三系籼型晚稻新组合（王乌齐等，2003）

2000 年福建审定，编号：闽审稻 2000009

省稻麦所、南平市农科所选育而成的晚籼组合。作晚稻全生育期 127 天。株型紧凑，分蘖力较强，每穗总粒数 148 粒左右，结实率 85% 左右，千粒重约 28 克。轻感稻瘟病。1998 年省晚稻区试，平均单产 7449 千克 / 公顷，比 CK1 汕优桂 32 增产 10.82%，比 CK2 汕优 63 增产 8.61%；1999 年续试，平均单产 6165 千克 / 公顷，比 CK1 汕优桂 32 增产 13.67%，比 CK2 汕优 63 增产 5.81%。适宜福建省各地稻瘟病轻发病区作中、晚稻推广种植。

69. 绵 2 优 838

亲本来源：绵 2A（♀）辐恢 838（♂）

选育单位：四川省绵阳市农业科学研究所

完成人：王志

品种类型：籼型三系杂交水稻

适种地区：云南、贵州、重庆中低海拔稻区（武陵山区除外）和四川平坝稻区、陕西南部稻瘟病、白叶枯病轻发区作一季中稻种植

绵阳市农科所用自育优质不育系绵 2A 与引进恢复系辐恢 838 配组育成的杂交中稻组合（陈年伟等，2007）

2004年国家审定，编号：国审稻2004005

特征特性：该品种属籼型三系杂交水稻，在长江上游作一季中稻种植全生育期平均150.4天，比对照汕优63早熟2.7天。株高110.7厘米，株型适中，穗粒重协调，抗倒性较强，熟期转色好。分蘖力偏弱，耐寒性强。每亩有效穗数15.9万穗，穗长25.2厘米，每穗总粒数163.0粒，结实率81.8%，千粒重28.9克。抗性：稻瘟病9级，白叶枯病7级，褐飞虱7级。米质主要指标：整精米率60.1%，长宽比2.7，垩白率42%，垩白度12.9%，胶稠度58毫米，直链淀粉含量21.7%。

产量表现：2002年参加长江上游中籼迟熟高产组区域试验，平均亩产591.2千克，比对照汕优63增产8.22%（极显著）；2003年续试，平均亩产586.82千克，比对照汕优63增产2.28%（极显著）；两年区域试验平均亩产588.87千克，比对照汕优63增产4.99%。2003年生产试验平均亩产663.62千克，比对照汕优63增产11.18%。

栽培要点：（1）培育壮秧：根据当地种植习惯与汕优63同期播种，亩播种量7.5～10千克，两段育秧或旱育秧，秧龄不超过50天。（2）移栽：亩栽1.5万～2万穴，亩基本苗12万～14万。（3）施肥：中等肥力田亩施纯氮10千克左右，氮、磷、钾比例为1∶0.5∶0.7；底肥占60%～70%，分蘖肥20%～30%，穗肥10%。（4）防治病虫：特别注意防治稻瘟病，注意防治白叶枯病。

审定意见：经审核，该品种符合国家稻品种审定标准，通过审定。该品种熟期适中，产量较高，高感稻瘟病，感白叶枯病，米质一般。适宜在云南、贵州、重庆中低海拔稻区（武陵山区除外）和四川平坝稻区、陕西南部稻瘟病、白叶枯病轻发区作一季中稻种植。

70. 丰优香占（25优6547）

亲本来源：粤丰A（♀）R6547（♂）

选育单位：江苏里下河地区农业科学研究所；广东省农业科学院水稻研究所

完成人：张洪熙；孔祥斗；戴正元；刘广清；李爱宏；谭长乐；赵步洪；徐卯林；夏广宏；黄年生；刘晓静；刘晓斌

品种类型：籼型三系杂交水稻

适种地区：江西、福建、湖北、湖南、安徽、浙江、江苏省的长江流域（武陵山区除外）以及河南省的信阳地区稻瘟病轻发区

江苏里下河地区农科所以优质不育系粤丰A为母本，优质恢复系R6547为父本配制而成的优质杂交籼稻组合（徐卯林等，2005）

2005年贵州审定，编号：黔审稻2005004号

品种来源：江苏里下河地区农科所用不育系亲本粤丰A与自育恢复系R6547组配而成，贵州省农业技术推广总站引进。

特征特性：迟熟籼型三系杂交稻。全生育期149.86天，与对照汕优63相当。株高110.76厘米，株形松散适中，叶色较深。分蘖力中等，亩有效穗16万左右。穗大粒多，穗实粒数为126.75粒，结实率73.58%，千粒重28.5克。无芒，颖尖无色，中长粒。2002年经农业部食品质量监督检验测试中心（武汉）测试，品质达国标3级，米质主要指标为：整精米率58.3%，垩白度2.5%，长宽比3.2，胶稠度81毫米，直链淀粉含量16.28%。稻瘟病抗性鉴定：2002年表现为感，2003年表现为中感。耐寒性鉴定为较强。

产量表现：2002年贵州省区试迟熟优质组平均亩产471.1千克，比对照汕优63增产6.3%，达极显著水平；2003年贵州省区试迟熟A组平均亩产595.99千克，比对照汕优63增产4.49%，达极显著水平；两年平均亩产533.54千克，比对照增产5.29%。15个试点中11增4减，增产点次达73.3%。2004年生产试验平均亩产529.14千克，比对照增产4.63%。

栽培要点：适期播种，培育壮秧，确保安全齐穗和水稻穗分化后光温条件最佳。一般黔中稻区播种期为清明节左右。应用旱育秧或两段育秧培育壮秧。合理栽插，栽足基本茎蘖苗。密度根据当地气候和稻田肥力确定。一般黔中稻区中等肥力田亩栽1.5万穴左右，基本苗8万左右。科学肥水运筹，确保稳健生长。遵循“有机无机结合，重施基肥，适追分蘖肥，巧施穗粒肥，平衡施肥”的施肥原则，根据当地情况，稻田肥力合理确定施肥量。磷肥一般全作基肥使用。钾肥40%左右作基肥，60%左右于在分蘖盛期施用。氮肥基蘖肥和

穗粒肥比例为 60% ～ 75% ：25% ～ 40%。

适宜种植区域：适宜贵州省中籼迟熟稻区种植，注意防治稻瘟病，稻瘟病常发区慎用。

71. 金优 458

亲本来源：金 23A（♀）R458（♂）

选育单位：江西省农业科学院水稻研究所

品种类型：籼型三系杂交水稻

适种地区：江西、湖南以及福建北部、浙江中南部的稻瘟病轻发的双季稻区作早稻种植

1999 年用“金 23A”与“R458”测交配组……（颜满莲等，2004）

2008 年国家审定，编号：国审稻 2008007

特征特性：该品种属籼型三系杂交水稻。在长江中下游作双季早稻种植全生育期平均 112.1 天，比对照金优 402 长 0.4 天。株型适中，剑叶挺直，熟期转色好，每亩有效穗数 22.7 万穗，株高 91.3 厘米，穗长 20.6 厘米，每穗总粒数 109.3 粒，结实率 82.3%，千粒重 26.8 克。抗性：稻瘟病综合指数 5.5 级，穗瘟损失率最高 9 级，抗性频率 70%；白叶枯病 5 级。米质主要指标：整精米率 48.0%，长宽比 3.1，垩白粒率 73%，垩白度 10.4%，胶稠度 54 毫米，直链淀粉含量 18.0%。

产量表现：2005 年参加长江中下游迟熟早籼组品种区域试验，平均亩产 525.5 千克，比对照金优 402 增产 4.40%（极显著）；2006 年续试，平均亩产 503.3 千克，比对照金优 402 增产 2.27%（极显著）；两年区域试验平均亩产 514.4 千克，比对照金优 402 增产 3.34%，增产点比例 89.3%。2007 年生产试验，平均亩产 498.9 千克，比对照金优 402 增产 5.38%。

栽培要点：（1）育秧：适时播种，秧田每亩播种量 15 千克，大田每亩用种量 2 千克，药剂浸种消毒，稀播、匀播，农膜覆盖防寒，培育壮秧。**（2）移栽**：秧龄 20 ～ 25 天、叶龄 4 叶左右移栽，栽插规格 16.5 厘米 ×

20 厘米，每穴栽插 2 ～ 3 粒谷苗，每亩插足 8 万～ 10 万基本苗。（3）肥水管理：本田每亩施水稻专用复合肥 50 千克作基肥，移栽后 5 ～ 7 天结合化学除草每亩追施尿素 7.5 ～ 10 千克、氯化钾 7.5 千克促蘖，齐穗后视情况补施壮籽肥。前期浅水，每穴苗数达到 15 苗时排水轻搁控苗，后期干湿交替。（4）病虫防治：注意及时防治稻瘟病、白叶枯病、螟虫、稻飞虱等病虫害。

审定意见：该品种符合国家稻品种审定标准，通过审定。熟期适中，产量较高，高感稻瘟病，中感白叶枯病，米质一般。适宜在江西、湖南以及福建北部、浙江中南部的稻瘟病轻发的双季稻区作早稻种植。

72. 荆楚优 148（荆楚 148）

亲本来源：荆楚 814A（♀）R148（♂）

选育单位：湖北荆楚种业股份有限公司

完成人：舒冰；段洪波；徐国华；鲁斌；王明涛；涂志杰；彭金勇；张生斌

品种类型：籼型三系杂交水稻

适种地区：江西、湖南、湖北、浙江、安徽沿江以南的稻瘟病轻发的双季稻区作晚稻种植

湖北省荆州市种子总公司 1998 年用自选不育系荆楚 814A 与恢复系 R148 配组育成的杂交晚籼稻组合（易定国等，2004）

2006 年国家审定，编号：国审稻 2006049

特征特性：该品种属籼型三系杂交水稻。在长江中下游作双季晚稻种植全生育期平均 112.5 天，比对照金优 207 迟熟 1.4 天。株型适中，叶色浓绿，叶姿挺直，每亩有效穗数 21.0 万穗，株高 100.0 厘米，穗长 22.8 厘米，每穗总粒数 124.6 粒，结实率 80.8%，千粒重 25.9 克。抗性：稻瘟病平均 6.8 级，最高 9 级；白叶枯病 5 级；褐飞虱 5 级。米质主要指标：整精米率 63.9%，长宽比 3.0，垩白粒率 28%，垩白度 2.5%，胶稠度 76 毫米，直链淀粉含量 15.6%，达到国家《优质稻谷》标准 3 级。

产量表现：2003 年参加长江中下游晚籼早熟组品种区域试验，平均亩产 510.57 千克，比对照金优 207 增产 1.18%（不显著）；2004 年续试，平均亩产 506.37 千克，比对照金优 207 增产 0.04%（不显著）；两年区域试验平均亩产 508.47 千克，比对照金优 207 增产 0.61%。2005 年生产试验，平均亩产 484.51 千克，比对照金优 207 减产 2.00%。

栽培要点：（1）育秧：根据各地双季晚籼生产季节适时播种，每亩秧田播种量 9 ～ 10 千克，每亩大田用种量 1.5 千克。（2）移栽：秧龄 30 天以内，栽插规格为 13.3 厘米 ×20 厘米，每亩插 2.5 万穴，每穴 2 粒谷苗，每亩插足 12 万～ 15 万基本苗。（3）肥水管理：每亩施纯氮 10 千克、五氧化二磷 6 千克、氧化钾 9 千克，磷钾肥作基肥，氮肥 70% 作基肥、30% 作追肥，坚持基肥足、追肥早的施肥原则。合理管水，做到寸水返青，及时晒田，有水孕穗，干湿壮籽，后期不过早断水。（4）病虫防治：注意及时防治稻瘟病、螟虫等病虫害。

审定意见：该品种符合国家稻品种审定标准，通过审定。该品种熟期适中，米质优，产量中等，中感白叶枯病，高感稻瘟病。适宜在江西、湖南、湖北、浙江、安徽沿江以南的稻瘟病轻发的双季稻区作晚稻种植。

73. 金优 38（丰登 1 号）

亲本来源：金 23A（♀）冈恢 38（♂）

选育单位：湖北省黄冈市农业科学研究所

完成人：周强；王万福；涂军明；谢保忠；张金林；王欢

品种类型：籼型三系杂交水稻

适种地区：湖北、广西中北部、福建中北部、江西中南部、湖南中南部、浙江南部

湖北省黄冈市农业科学研究所以优质不育系金 23A 为母本，自选恢复系冈恢 38 为父本配组育成的杂交晚稻组合（胡艾等，2007）。

2009 年国家审定，编号：国审稻 2009025

特征特性：该品种属籼型三系杂交水稻。在长江中下游作双季晚稻种植，全生育期平均115.5天，比对照汕优46短3.1天。株型适中，长势繁茂，熟期转色好，稃尖紫色、短芒。每亩有效穗数17.4万穗，株高104.0厘米，穗长24.5厘米，每穗总粒数133.1粒，结实率77.8%，千粒重28.6克。抗性：稻瘟病综合指数6.3级，穗瘟损失率最高9级；白叶枯病7级；褐飞虱7级。米质主要指标：整精米率68.3%，长宽比3.2，垩白粒率5%，垩白度0.4%，胶稠度72毫米，直链淀粉含量22.0%，达到国家《优质稻谷》标准1级。

产量表现：2006年参加长江中下游中迟熟晚籼组品种区域试验，平均亩产457.71千克，比对照汕优46减产2.53%（极显著）；2007年续试，平均亩产469.10千克，比对照汕优46减产3.51%（极显著）；两年区域试验平均亩产463.41千克，比对照汕优46减产3.03%，增产点比例28.7%；2008年生产试验，平均亩产528.43千克，比对照汕优46增产7.92%。

栽培要点：（1）育秧：适时播种，秧田每亩播种量12.5千克，大田每亩用种量0.75～1.0千克，每亩施复合肥15～20千克作底肥，2叶1心和移栽前7天每亩各追施尿素5千克，注意防治稻蓟马，培育多蘖壮秧。（2）移栽：秧龄30天左右移栽，栽插株行距16.7厘米×20厘米，每亩插足基本苗6万～7.5万苗。（3）肥水管理：大田每亩施复合肥30～50千克或碳铵50千克、氯化钾15千克、过磷酸钙30千克作底肥，移栽后7天每亩追施尿素、氯化钾各10千克。深水返青，浅水分蘖，每亩最高苗达到30万苗左右及时晒田，孕穗抽穗期保持水层，灌浆期湿润管理，后期不宜断水过早。（4）病虫防治：注意及时防治螟虫、纹枯病、稻瘟病、白叶枯病、稻飞虱等病虫害。

审定意见：该品种符合国家稻品种审定标准，通过审定。熟期适中，产量中等，高感稻瘟病，感白叶枯病和褐飞虱，米质优。适宜在广西中北部、福建中北部、江西中南部、湖南中南部、浙江南部的稻瘟病、白叶枯病轻发的双季稻区作晚稻种植。

74. 五优华占（五丰优华占）

亲本来源：五丰 A（♀）华占（♂）

选育单位：广东省农业科学院水稻研究所；中国水稻研究所

完成人：李传国；梁世胡；李曙光；顾海永；张其文

品种类型：籼型三系杂交水稻

2014 年湖南审定，编号：湘审稻 2014021

选育单位：广东省农业科学院水稻研究所、中国水稻研究所、湖南金稻种业有限公司

品种来源：五丰 A× 华占

特征特性：该品种属三系杂交迟熟偏早晚稻。省区试结果：全生育期 117.5 天。株高 101.3 厘米，株型适中，生长势强，叶鞘、稃尖紫红色，无芒，半叶下禾，后期落色好。每亩有效穗 20.7 万穗，每穗总粒数 156.7 粒，结实率 82.3%，千粒重 23.4 克。抗性：叶瘟 4.5 级，穗颈瘟 7.0 级，稻瘟病抗性综合指数 4.8 级，白叶枯病 8 级，稻曲病 3.8 级，耐低温能力强。米质：糙米率 81.5%，精米率 71.1%，整精米率 62.8%，粒长 6.4 毫米，长宽比 2.9，垩白粒率 52%，垩白度 7.3%，透明度 2 级，碱消值 3.0 级，胶稠度 80 毫米，直链淀粉含量 15.6%。

产量表现：2012 年省区试平均亩产 571.46 千克，比对照天优华占增产 4.65%，增产极显著。2013 年省区试平均亩产 546.94 千克，比对照增产 4.91%，增产极显著。两年区试平均亩产 559.20 千克，比对照增产 4.78%，日产量 4.76 千克，比对照高 0.35 千克。

栽培要点：在湖南作双季晚稻种植，一般湘中 6 月 20 日左右播种，湘北适当提早 1 ～ 2 天播种，湘南适当推迟 2 ～ 3 天播种，秧田每亩播种量 10 ～ 12 千克，大田每亩用种量 1.2 ～ 1.5 千克。秧龄控制在 30 天以内，种植密度 16.7 厘米 ×20 厘米或 20 厘米 ×20 厘米，每蔸插 2 粒谷秧。基肥足，追肥速，中期补，氮、磷、钾肥配合施用，适当增施磷、钾肥。深水返青，浅水

分蘖，及时晒田，有水壮苞抽穗，后期干干湿湿，不脱水过早。浸种时坚持强氯精消毒，注意防治稻瘟病、纹枯病、白叶枯病、稻蓟马、稻飞虱和稻纵卷叶螟等病虫害。

审定意见：该品种达到审定标准，通过审定。适宜在我省稻瘟病轻发区作双季晚稻种植，并注意防治白叶枯病。

75. 汕优 82

亲本来源：珍汕 97A（♀）明恢 82（♂）

选育单位：三明市农业科学研究所

品种类型：籼型三系杂交水稻

适种地区：桂中、桂北作早、晚稻推广种植

福建省三明市农科所于 1992 年用珍汕 97A 与自育的新恢复系明恢 82 配组而成（罗家密等，1998）

2001 年广西审定，编号：桂审稻 2001012 号

品种来源：贺州市种子公司于 1997 年用珍汕 97A 与恢复系明恢 82（从福建省三明市农科所引进）配组而成的感温型中熟组合。

报审单位：贺州市种子公司、桂林市种子公司

特征特性：桂中、桂北种植，全生育期早造 120 ～ 126 天，晚造 110 天左右，株叶型集散适中，茎秆粗壮，叶片厚、直，分蘖力中等，株高 100 厘米左右，亩有效穗 18 ～ 20 万穗，每穗总粒 130 粒左右，结实率 80% ～ 85%，千粒重 27 克，糙米率 81.8%，精米率 71.8%，长宽比 2.4，胶稠度 43 毫米，直链淀粉含量 22.3%，田间种植表现中抗稻瘟病。

产量表现：1998 年早造参加贺州市水稻新品种品比试验，平均亩产为 495.0 千克，比对照汕优 77 增产 11.66%；1999—2000 年早造续试，平均亩产分别为 507.0 千克和 505.4 千克，比对照汕优 36 辐增产 13.2% 和 12.7%，产量均居首位。1999、2000 年晚造参加桂林市水稻品种比较试验，3 个试点平均亩产为 488.1 千克、477.1 千克，比对照汕优桂 99 分别增产 11.9% 和 5.8%。

1998—2000 年全区累计种植面积 30.1 万亩，一般亩产 450 ～ 500 千克。

栽培要点：参照一般杂交水稻中熟组合进行。

制种要点：（1）建议秋制父母本播差期时差 6 天。（2）父母本行比以 2 ：14 为宜，亩插母本 8 万～ 10 万基本苗。（3）母本始穗 10% 时始喷九二 O，亩用量 12 克左右，连续三天喷完。（4）注意黑粉病等病虫害的防治。

自治区品审会意见：经审核，该组合符合广西水稻品种审定标准，通过审定，可在桂中、桂北作早、晚稻推广种植。

76. H 优 518

亲本来源：H28A（♀）51084（♂）

选育单位：湖南农业大学；衡阳市农业科学研究所

完成人：陈立云；唐文邦；刘国华；肖应辉；邓化冰

品种类型：籼型三系杂交水稻

2011 年国家审定，编号：国审稻 2011020

选育单位：湖南农业大学、湖南省衡阳市农业科学研究所

品种来源：H28A×51084

特征特性：该品种属籼型三系杂交水稻。在长江中下游作双季晚稻种植，全生育期平均 112.9 天，比对照金优 207 短 0.5 天。株高 96.2 厘米，穗长 22.3 厘米，穗顶部分籽粒有芒，每亩有效穗数 24.1 万穗，每穗总粒数 113.6 粒，结实率 80.7%，千粒重 25.8 克。株型适中，叶片挺直，稃尖无色。抗性：稻瘟病综合指数 6.0 级，穗瘟损失率最高级 9 级；白叶枯病 7 级；褐飞虱 9 级；抽穗期耐冷性中等。高感稻瘟病，感白叶枯病，高感褐飞虱。米质主要指标：整精米率 57.2%，长宽比 3.5，垩白粒率 25%，垩白度 5.0%，胶稠度 56 毫米，直链淀粉含量 21.6%，达到国家《优质稻谷》标准 3 级。

产量表现：2009 年参加长江中下游晚籼早熟组品种区域试验，平均亩产 496.8 千克，比对照金优 207 增产 8.3%（极显著）；2010 年续试，平均亩产 502.4 千克，比对照金优 207 增产 5.3%（极显著）。两年区域试验平均亩产

499.6 千克，比对照金优 207 增产 6.8%，增产点比率 78.4%。2010 年生产试验，平均亩产 486.4 千克，比对照金优 207 增产 2.2%。

栽培要点：（1）育秧：做好种子消毒处理，每亩大田用种量 1.5 千克，适时播种，稀播育壮秧。（2）移栽：秧龄控制在 30 天内，合理密植，栽插规格 16.7 厘米 ×20 厘米，每亩栽插 2 万穴、8 万基本苗左右。（3）肥水管理：重施基肥，早施追肥，后期酌施穗肥。水分管理做到薄水浅插，深水活蔸，浅水分蘖，多次露田，够苗晒田，后期干湿交替，不宜过早断水。（4）病虫防治：注意及时防治稻瘟病、白叶枯病、纹枯病、螟虫、稻飞虱等病虫害。

审定意见：该品种符合国家稻品种审定标准，通过审定。适宜在江西、湖南、湖北、浙江以及安徽长江以南的稻瘟病、白叶枯病轻发的双季稻区作晚稻种植。

77. 汕优 36

亲本来源：珍汕 97A（♀）IR36（♂）

选育单位：广西平南县农科所

品种类型：籼型三系杂交水稻

适种地区：广西、广东

1984 年广东审定，编号：粤审稻 1984001

特征特性：属感温型杂交水稻组合。全生育期早造 125 ～ 130 天，早造中熟，晚造 100 ～ 114 天，属早熟种，株高 96.2 厘米，分蘖力较强，株型紧凑，秆较细。叶片挺而窄，抽穗后上部三片功能叶直生。亩有效穗 19 万左右，穗长 22.6 厘米，每穗总粒数 117.2 粒，结实率 80.8%，千粒重 26.2 克。谷粒细长，米质较好。耐高温干旱能力强，抗稻瘟病和白叶枯病较强，较抗稻飞虱。缺点是苗期耐寒性较差，成穗率偏低，易感纹枯病，稻纵卷叶虫较多。

产量表现：1983 和 1984 年早造参加省区试，平均亩产 460 千克和 437.3 千克，比对照种青二矮增产 13.7% 和 9.3%，达极显著值。

省品审会意见：该品种中熟，两年参加省区试比青二矮增产13.7%和9.3%，大面积种植高产稳产。分蘖力强，有效穗多。抗稻瘟病力较强，米质比汕优6号好。缺点是抗寒力较弱，纹枯病较多，结实率偏低，适宜中北部丘陵中等地力、中肥水平的稻区栽培。

78. 金优527

亲本来源：金23A（♀）蜀恢527（♂）

选育单位：四川农业大学水稻研究所

完成人：周明镜

品种类型：籼型三系杂交水稻

适种地区：云南、贵州、重庆中低海拔稻区（武陵山区除外）和四川平坝稻区、陕西南部稻瘟病轻发区作一季中稻种植

四川农业大学水稻研究所用优质不育系金23A与恢复系蜀恢527配组育成的杂交中籼组合（周明镜，2002）

2004年国家审定，编号：国审稻2004012

特征特性：该品种属籼型三系杂交水稻，在长江上游作一季中稻种植全生育期平均151.2天，比对照汕优63早熟1.4天。株高111.5厘米，叶色浓绿，株叶形适中，耐寒性较弱，熟期转色好。每亩有效穗数16.5万穗，穗长25.7厘米，每穗总粒数161.7粒，结实率80.9%，千粒重29.5克。抗性：稻瘟病9级，白叶枯病5级，褐飞虱7级。米质主要指标：整精米率58.9%，长宽比3.2，垩白率17%，垩白度2.9%，胶稠度62毫米，直链淀粉含量23.3%。

产量表现：2002年参加长江上游中籼迟熟优质组区域试验，平均亩产589.88千克，比对照汕优63增产8.97%（极显著）；2003年续试，平均亩产625.91千克，比对照汕优63增产8.62%（极显著）；两年区域试验平均亩产609.02千克，比对照汕优63增产8.78%。2003年生产试验平均亩产579.00千克，比对照汕优63增产5.63%。

栽培要点：（1）播种：根据当地种植习惯与汕优63同期播种，亩秧田

播种量10千克。（2）移栽：秧龄控制在40～45天，亩栽基本苗11万～13万。（3）肥水管理：亩施纯氮10～12千克，重底早追，增施磷、钾肥。水浆管理要做到干湿交替，后期不可脱水过早。（4）防治病虫：特别注意防治稻瘟病，注意防治白叶枯病。

审定意见：经审核，该品种符合国家稻品种审定标准，通过审定。该品种熟期适中，产量高，高感稻瘟病，中感白叶枯病，米质优。适宜在云南、贵州、重庆中低海拔稻区（武陵山区除外）和四川平坝稻区、陕西南部稻瘟病轻发区作一季中稻种植。

79. 汕优89

亲本来源：珍汕97A（♀）早恢89（♂）

选育单位：福建农业大学

品种类型：籼型三系杂交水稻

早恢89与珍汕97A配组成（王乃元等，1999）

1996年福建审定，编号：闽审稻1996002。品审会已于2011年终止推广

80. 汕优72

亲本来源：珍汕97A（♀）明恢72（♂）

选育单位：三明市农业科学研究所

完成人：张受刚；谢华安

品种类型：籼型三系杂交水稻

1994年安徽审定，编号：皖品审94010134

品种来源：福建省三明市农科所用珍汕97A与明恢72配组育成的中籼杂交稻组合。

品种试验情况：省两年品种区域试验和一年生产试验，平均产量与汕优

63 相当。

特征特性：株形松散适中，茎秆粗壮，株高 100 厘米左右，株叶形态较好，主茎叶片数 17 叶。一般每穗总粒数 140 粒，结实率 80% 以上，千粒重 29 克左右，米质较好。全生育期 140 天左右，分蘖力较强，高抗稻瘟病、稻飞虱，轻感纹枯病，抗白叶枯病能力较汕优 63 高一个等级。

栽培要点：一般 4 月下旬至 5 月上旬播种，秧龄 30 天左右，秧田亩播量 15 千克，大田亩用种 1 ～ 1.5 千克，每穴栽 1 ～ 2 粒种子苗，株行距 13.4 厘米 ×20 厘米。注意防治白叶枯病。

适宜范围：安徽省作一季中稻栽培。

81. 特优 18

亲本来源：龙特甫 A（♀）玉 18（♂）

选育单位：广西玉林市农业科学研究所

品种类型：籼型三系杂交水稻

适种地区：广东、广西中南部、海南、福建省南部稻瘟病轻发区

1989 年晚造用不育系特 A 与玉 18 配 2 个组合（容林熙，1998）

1999 年国家审定，编号：国审稻 990023

特征特性：该组合属感温型早籼迟熟组合。在玉米种植全生育期 128 ～ 130 天，比特优 63 早熟 1 ～ 2 天。株高 106 厘米。株型紧凑，茎秆粗壮，耐肥抗倒，叶片细长厚直，分蘖力中等，繁茂性好。苗期耐寒，后期青枝腊秆熟色好。穗大粒多粒密，结实率高。1997-1998 年全国南方稻区华南早籼组区试结果，每亩有效穗 18.6 万，穗长 22.5 厘米，每穗总粒数 128.9 粒，结实率 74%，千粒重 28.1 克。糙米率 80.2%，精米率 71.6%，整精米率 32.2%，粒长 6.7 毫米，长宽比 2.6，垩白率 96%，垩白度 17.3%，透明度 3 级，糊化温度 3.9，胶稠度 40 毫米，直链淀粉含量 19.3%，米质中等，饭软熟可口。叶瘟 5 ～ 7 级，白叶枯病 5 ～ 9 级，稻飞虱 5 ～ 7 级，该组合大田种植，表现苗期耐寒，后期熟色好。

产量表现：1997—1998 年参加全国南方稻区早籼组区试，平均亩产 475.68 千克和 490.06 千克，比对照七占山（CK1）、汕优桂 99（CK2）增产均达极显著水平；1998 年生产试验平均亩产 412.8 千克，比对照七占山（CK1）、汕优桂 99（CK2）显著增产。

栽培要点：（1）适时播种，培育多蘖壮秧。早造 3 月上旬，晚造 7 月上旬播种，亩秧田播种量为 10 ～ 12.5 千克，早造秧龄 25 ～ 30 天，晚造 20 ～ 25 天。（2）合理密植，插足基本苗数。插植规格 23 厘米 ×13 厘米，双本插植，亩插基本苗 8 万～ 10 万。（3）肥水管理。本田施肥采取前重、中稳、后补的方法，亩施纯氮 12.5 ～ 15 千克，氮、磷、钾按 1 ： 0.7 ： 1 比例配合使用，注意增施有机肥。水分管理，采取浅水回青，分蘖、中期露、晒田，抽穗灌水，齐穗后干湿交替到黄熟。（4）加强病、虫、鼠害的综合防治工作。

全国品审会意见：该品种属三系杂交早籼迟熟组合，全生育期 129 天。该组合表现丰产稳产，繁茂性好，耐肥抗倒，米质中等，感稻瘟病和白叶枯病。适宜在广东、广西中南部、海南、福建省南部稻瘟病轻发区种植。经审核，符合国家品种审定标准，审定通过。

值得提醒的是，该组合的种子生产过程中，要特别加强亲本不育系的提纯复壮，确保杂交种子纯度达标。

82. 博优 258

亲本来源：博 A（♀）测 258（♂）

选育单位：广西大学支农开发中心；广西桂穗种业有限公司

品种类型：籼型三系杂交水稻

2003 年广西审定，编号：桂审稻 2003018 号

品种来源：广西大学支农开发中心、广西桂穗种业有限公司 1998 年利用博 A 与自选的恢复系测 258 配组而成的感光型杂交水稻组合。

特征特性：属感光型，桂南晚稻种植，7 月上旬播种，秧龄 25 天左右，全生育期 123 天左右（手插秧）。群体生长整齐，耐寒性较强，株型适中，茎

秆粗壮，叶片宽长，叶色浓绿，剑叶短直略内卷，长势旺盛，熟期转色较好，抗倒性强，落粒性中；株高 110 厘米左右，每亩有效穗数 19 万左右，穗长 25.0 ～ 26.0 厘米，每穗总粒数 130 粒左右，结实率 80.0% 以上，千粒重 24.1 克；谷粒长 8.5 毫米，宽 2.5 毫米，长宽比 3.2，无芒。据农业部稻米及制品质量监督检测中心分析：糙米率 80.8%，精米率 74.8%，整精米率 68.2%，粒长 5.9 毫米，长宽比 2.6，垩白粒率 56%，垩白度 8.5%，透明度 2 级，碱消值 6.3 级，胶稠度 46 毫米，直链淀粉含量 21.0%，蛋白质含量 9.3%。人工接种抗性：稻瘟 7 级，白叶枯病 5 级，褐稻虱 9.0 级。

产量表现：2000 年晚稻参加广西壮族自治区水稻品种迟熟组区试初试，六个试点（南宁、玉林、钦州、合浦、百色、藤县）平均亩产 437.1 千克，比对照博优桂 99 增产 3.0%，达显著水平，位居第四；2001 年晚稻续试，六个试点平均亩产 439.9 千克，比对照博优桂 99 增产 3.2%，达极显著水平，位居第六。2000—2002 年在扶绥、隆安、陆川、平南、苍梧、平果、田阳等地试种，一般亩产 450 ～ 550 千克。

自治区品审会意见：经审核，该品种符合广西水稻品种审定标准，通过审定，可在桂南稻作区作晚稻种植。

83. Q 优 1 号

亲本来源：115A（♀）绵恢 725（♂）

选育单位：重庆市种子公司

完成人：李贤勇；王楚桃；李顺武；何永歆

品种类型：籼型三系杂交水稻

重庆市种子公司用自育优质不育系 115A 与绵恢 725 配组育成的优质高产迟熟中籼组合（李贤勇等，2003）

2005 年云南红河审定，编号：滇特（红河）审稻 200501 号

2005 年云南文山审定，编号：滇特审（文山）稻 200507 号

品种来源：重庆市种子公司用 115A 与绵恢 725 组配而成，2003 年初文山

州种子管理站从重庆市种子公司引进。

特征特性：籼型杂交稻。株高 110 厘米，株型松散适中，剑叶直立，叶色浓绿，穗长 25 厘米，穗实粒数 121 ～ 158 粒，结实率 70% 左右，落粒性强。千粒穗 27.5 克。糙米率 80.9%，精米率 73.8%，粒长 6.8 毫米，碱消值 6.7 级，直链淀粉含量 21.0%，蛋白质含 9.3%，长宽比 3.0，透明度二级，胶稠度 58 毫米。全生育期 152 ～ 161 天，比汕优 63 长 1 ～ 2 天，亩有效穗 17 万穗，成穗率偏低，茎秆粗壮，后期转色好，较抗穗颈瘟和白叶枯病。

产量表现：2003 年文山州区试平均亩产 556 千克，比对照增 27 千克，增 5%，2004 年示范平均亩产 558 千克，比对照增 54 千克，增 11%。

适应地区：适应文山州 1400 米以下的籼稻区种植。

栽培要点：在最佳节令播种，搞好旱育秧：3 月中、下旬播种为佳，培育分蘖壮秧。适时移栽、争取低位分蘖：秧龄 35 ～ 45 天，小秧 5 ～ 6 片叶时移栽。合理密植、确保有效群体：中上等肥力田块插 1.5 万～ 1.7 万丛，肥力差的田块插 2 万～ 2.5 万丛，每亩有效穗在 17 万个左右。加强管理，保证丰产丰收：用肥上控氮、增磷、钾及微量元素。亩施农家肥 800 千克左右，普钙 50 千克，硫酸钾 5 ～ 8 千克，硫酸锌 1 ～ 2 千克，碳铵 40 千克混合作底肥一次施入，整平田块栽秧。栽后灌寸水，6 ～ 8 天化除结合施分蘖肥，亩施尿素 10 ～ 12 千克，保持浅水层，让水自由落干，以后干湿交替管水，苗足控田或晒田再复水，保证有水养花。抽穗期亩用 0.2 ～ 0.3 千克磷酸二氢钾兑水喷雾，提高籽粒饱满度。分蘖期防叶蝉和飞虱，孕穗期和抽穗期用三环唑和井岗霉素防稻瘟病和稻曲病。

84. 丰源优 272

亲本来源：丰源 A（♀）华恢 272（♂）

选育单位：湖南亚华种业科学研究院

完成人：杨远柱

品种类型：籼型三系杂交水稻

适种地区：在江西、湖南、浙江、湖北和安徽长江以南的稻瘟病、白叶枯病轻发区的双季稻区作晚稻种植。

2006年国家审定，编号：国审稻2006048

特征特性：该品种属籼型三系杂交水稻。在长江中下游作双季晚稻种植，全生育期平均116.4天，比对照金优207迟熟4.4天。株型适中，长势繁茂，茎秆粗壮，每亩有效穗数19.0万穗，株高98.4厘米，穗长22.8厘米，每穗总粒数127.7粒，结实率77.6%，千粒重29.1克。抗性：稻瘟病平均3.9级，最高7级，抗性频率90%；白叶枯病7级。米质主要指标：整精米率56.4%，长宽比3.3，垩白粒率35%，垩白度6.3%，胶稠度62毫米，直链淀粉含量22.1%。

产量表现：2004年参加长江中下游晚籼早熟组品种区域试验，平均亩产523.94千克，比对照金优207增产3.06%（极显著）；2005年续试，平均亩产488.51千克，比对照金优207增产4.86%（极显著）；两年区域试验平均亩产506.23千克，比对照金优207增产3.92%。2005年生产试验，平均亩产487.53千克，比对照金优207减产1.39%。

栽培要点：（1）育秧：根据各地双季晚籼生产季节适时播种，每亩秧田播种量10千克，每亩大田用种量1.5千克。（2）移栽：叶龄5.5叶左右，秧龄25～28天。栽插规格16.5厘米×20厘米，每穴插2粒谷苗，每亩插足基本苗10万苗以上。（3）肥水管理：中等肥力土壤，一般每亩施纯氮12千克、五氧化二磷5.6千克、氧化钾6.5千克。重施基肥、早施追肥、后期看苗补施穗肥。移栽后深水活棵，分蘖期干湿促分蘖，每亩总苗数达到25万苗时及时落水晒田，孕穗期以湿为主，灌浆期以润为主，后期忌脱水过早。（4）病虫防治：注意及时防治稻瘟病、白叶枯病、纹枯病、螟虫、稻飞虱等病虫害。

审定意见：该品种符合国家稻品种审定标准，通过审定。该品种熟期较迟，产量较高，感稻瘟病和白叶枯病，米质一般。适宜在江西、湖南、浙江、湖北和安徽长江以南的稻瘟病、白叶枯病轻发区的双季稻区作晚稻种植。

85. 丰优丝苗

亲本来源：粤丰A（♀）广恢998（♂）

选育单位：广东省农业科学院水稻研究所

品种类型：籼型三系杂交水稻

适种地区：广东、江西

粤丰A与恢复系广恢998配组（梁世胡等，2003）

2005年江西审定，编号：赣审稻2005018

育种者：广东省农业科学院水稻研究所

品种来源：粤丰A×广恢998杂交选配的杂交晚稻组合

特征特性：全生育期117.1天，比对照汕优46早熟2.2天。该品种株叶形态好，剑叶短窄、直立、内卷，分蘖力中等，有效穗多，千粒重小，抗倒性弱，后期轻度早衰。株高99.4厘米，亩有效穗22.1万，每穗总粒数116.4粒，实粒数90.9粒，结实率78.1%，千粒重23.7克。出糙率81.4%，精米率68.2%，整精米52.0%，垩白粒率12%，垩白度2.4%，直链淀粉含量15.24%，胶稠度76毫米，粒长7.3毫米，长宽比3.6。米质达国优3级。稻瘟病抗性自然诱发鉴定：苗瘟3级，叶瘟5级，穗瘟5级。

产量表现：2003—2004年参加江西省水稻区试，2003年平均亩产481.21千克，比对照汕优46增产6.21%，显著；2004年平均亩产456.88千克，比对照汕优46减产10.63%，达极显著水平。

适宜地区：江西全省稻瘟病轻发区种植。

栽培要点：6月中旬播种，秧田亩播种量10千克，大田亩用种量1.0～1.5千克。栽插规格4寸×7寸或5寸×6寸，每亩蔸数2万，每蔸两粒谷，基本苗8万～10万。亩施纯氮11～13千克，磷5～6千克，钾7.5～9.0千克。浅水插秧，浅水返青，活蔸后露田促根，遮泥水分蘖，够苗晒田，保蘖促花肥结合复水施用，晒田反复2～3次，薄水抽穗，干湿壮籽，割前7～10天开沟断水。注意防治稻瘟病等病虫害。

86. 汕优桂 32

亲本来源： 珍汕 97A（♀）桂 32（♂）

选育单位： 广西农科院水稻所

品种类型： 籼型三系杂交水稻

1990 年福建审定，编号：闽审稻 1990002

1987 年广西审定，编号：桂审证字第 046 号

申请者： 广西水稻研究所

育种者： 广西水稻研究所

品种来源： 汕优桂 32 是广西水稻研究所 1981 年用珍汕 97 不育系与ⅠR 36×ⅠR 24 杂交育成的恢复系桂 32（原编号 3624—32）配组而成的早籼迟熟杂交稻组合。

特征特性： 汕优桂 32 与汕优桂 33 同为姐妹系，据广西区试结果，该组合株型集散适中，分蘖力强，繁茂性好，叶片稍宽但挺直。株高 111.1 厘米，在每亩插植 6 万基本苗情况下，有效穗 17.6 万，成穗率 54.2%，每穗 145.9 粒，实粒 121.4 粒，结实率 83.2%，千粒重 27.6 克，平均生育期早造约 128 天，比汕优桂 33 迟熟 3 天，晚造 120 天左右。据广西水稻所初步分析，汕优桂 32 出糙率为 79.1%，脂肪含量 2.93%，粗蛋白含量 8.19%，淀粉含量 75.61%，米饭黏度和适口性与汕优桂 33 相仿。该组合经自然诱发和人工接种鉴定，对稻瘟病、白叶枯病属中抗，其抗性与汕优 6 号、汕优桂 33 相似。但恢复系和杂种一代生育期较汕优桂 33 长 3 天左右。早造秧苗期耐寒性较弱，晚造生育后期耐寒性较强。

产量表现： 1981 年晚造参加组合比较试验，折亩产 508.23 千克，比对照汕优 2 号增产 1.96%，增产不显著。1982 年继续比产，早造折亩产 620 千克，比汕优 2 号增产 6.4%；晚造折亩产 505.45 千克，比汕优 2 号增产 23.6%，达极显著标准。1983—1985 年，参加广西杂交稻区试。1983 年早造 9 个试点，平均亩产 478.6 千克，比汕优 2 号增产 4.5%；晚造 12 个试点，平均亩产

433.95千克，比汕优6号增产4.6%。1984年早造9个试点，平均亩产513.95千克，比汕优2号增产4.0%；晚造18个试点，平均亩产376.15千克，比汕优6号增产6.6%。1985年早造9个试点，平均亩产570千克，比汕优桂33增产2.5%；晚造在桂南7个试点，平均亩产415.1千克，比汕优6号减产3.06%。三年五造比对照增产，增产率为2.6%～6.6%。1985年参加南方稻区杂交稻区试，14个试点平均亩产422.58千克，比对照汕优2号增产4.11%，居第二位，其中9个增产点平均增产6.78%。1983年开始在面上试种，当年玉林地区试种面积2000多亩，1984年扩大到8万多亩，1985年又试种9万多亩，普遍获得增产丰收。1985年梧州地区的岑溪县南渡乡试种4.6亩，平均亩产552千克，比双桂36号251亩平均亩产475千克，增产16.2%；安平乡试种4亩，平均亩产581千克，比广二矮104的5亩平均亩产440千克，增产32%；山区的黎木乡、诚练乡试种12.75亩，平均亩产565.25千克，比梅桂1号3.6亩平均亩产439.5千克，增产28.6%。到1986年，全区累计种植面积24万亩。

栽培要点：（1）适时早播，加强秧田管理，培育带蘖嫩壮秧。（2）每亩插2万蔸左右，6寸×5寸或7寸×4寸规格，保证返青成活后有6万～8万基本苗。（3）多施农家肥做基肥，注意氮、磷、钾合理搭配。追肥以前重、中补、后轻为原则。（4）插后20～25天，总苗数达20万左右，即可逐步露、晒田，灌浆至成熟，保持田土干干湿湿。

87. 汕优22

亲本来源：珍汕97A（♀）CDR22（♂）

选育单位：四川省农科院水稻高粱所

品种类型：籼型三系杂交水稻

适种地区：四川、贵州、云南、重庆等地

1993年四川审定，编号：川审稻43号

88. 博Ⅱ优 968

亲本来源：博Ⅱ A（♀）968（♂）

选育单位：广西博白县农科所

品种类型：籼型三系杂交水稻

2002 年福建漳州市审定，编号：闽审稻 2002E01（漳州）

1999 年广西审定，编号：桂审证字第 145 号

申请者：博白县农科所

育种者：博白县农科所

品种来源：博Ⅱ优 968 是博白县农科所用自育的博Ⅱ A 不育系和 08 恢复系配组，于 1994 年育成的感光型中熟组合。

特征特性：博Ⅱ优 968 属感光型晚籼组合，六月底至七月上旬播种，全生育期 122 天，比博优桂 99 迟 1 天，株高 97.7 厘米，耐肥抗倒，后期转色好，亩有效穗 19.2 万穗，每穗 129 粒，结实率 76.5%，千粒重 26.3 克，米质中等。抗性鉴定：叶瘟 9 级，穗瘟 7 级，白叶枯病 3 级，褐稻虱 9 级。是目前我区感光组合高产潜力较大的组合之一。

产量表现：该组合 1996—1997 年晚造参加玉林市（原玉林地区）区试，平均亩产分别为 434.8 和 427.6 千克，比对照博优 64 分别增产 6.0% 和 9.4%，名列第二和第一。1997—1998 年晚造参加广西区试，平均亩产 342.61 和 459.86 千克，比对照博优桂 64 和博优桂 99 分别增产 2.97% 和 6.87%。钦州市 1997 年种植 6000 多亩，取得平均亩产 463.8 千克的好收成，比博优 64 增产 28.4 千克。

栽培要点：（1）选择中上肥田种植。（2）单或双本稀植：宜采用 23 厘米 ×16 厘米或 26 厘米 ×13 厘米规格，亩插植 1.6 万～ 1.8 万蔸为宜，亩插基本苗 8 万左右。（3）施肥管水参照博优桂 99 进行，但要补一次幼穗分化肥，注意后期不能断水过早。

制种要点：（1）早造制种叶龄差 5.5 叶左右。（2）保证亩制种田母本用种

量，插足基本苗。一般亩母本用种量为 1.5 千克，实行双株植，插植规格为 16.5 厘米 ×13.2 厘米。（3）父母本行比为 2 ：8 ～ 10。（4）其他措施参照博优 64 制种技术进行。

89. 桃优香占

亲本来源：桃农 1A（♀）黄华占（♂）

选育单位：桃源县农业科学研究所；广东省农业科学院水稻研究所；湖南金健种业科技有限公司

完成人：伍中胜；周少川；刘大锷；李宏；王建龙；郭明选；刘勇军；谭立群；高汉青；欧阳江南；黄新明

品种类型：籼型三系杂交水稻

三系不育系桃农 1A 与优质常规稻黄华占配组育成的中熟杂交晚稻组合（伍中胜等，2016）。

2021 年国家审定，编号：国审稻 20210307

申请者：湖南金健种业科技有限公司

育种者：桃源县农业科学研究所、广东省农业科学院水稻研究所、湖南金健种业科技有限公司

品种来源：桃农 1A× 黄华占

特征特性：籼型三系杂交水稻品种。在长江中下游作麦茬稻种植，全生育期 124.9 天，比对照五优 308 早熟 0.8 天。株高 114.0 厘米，穗长 25.0 厘米，每亩有效穗数 18.8 万穗，每穗总粒数 155.6 粒，结实率 85.7%，千粒重 27.2 克。抗性：稻瘟病综合指数两年分别为 6.2、5.7，穗颈瘟损失率最高级 7 级，白叶枯病 7 级，褐飞虱 9 级；感稻瘟病，高感褐飞虱，感白叶枯病，抽穗期耐冷性较弱。米质主要指标：整精米率 61.7%，垩白度 0.6%，直链淀粉含量 16.4%，胶稠度 71.5 毫米，碱消值 7.0 级，长宽比 3.4，达到农业行业《食用稻品种品质》标准一级。

产量表现：2019 年参加长江中下游麦茬籼稻组联合体区域试验，平均亩产

632.13千克，比对照五优308增产5.10%；2020年续试，平均亩产622.30千克，比对照五优308增产5.33%；两年区域试验平均亩产627.22千克，比对照五优308增产5.22%；2020年生产试验，平均亩产584.19千克，比对照五优308增产2.06%。

栽培要点：（1）育秧。适时播种，可参照当地麦茬稻同期播种，秧田每亩播种量10～12千克，大田每亩用种量1～1.5千克，稀播、匀播培育状秧。（2）移栽。秧龄20天内或叶龄5.5叶龄移栽，合理密植，插足基本苗，栽插规格以16.7厘米×20厘米或20厘米×20厘米为宜，每穴栽插2粒谷苗。（3）肥水管理。中等偏上肥力水平栽培，重施基肥，早施分蘖肥，配施有机肥及磷、钾肥。加强水分管理，够苗及时晒田，孕穗期至抽穗期保持田面有浅水，灌浆期保持田面有水，收割前7～10天断水，忌断水过早，以免影响品质，并降低稻米镉污染风险。（4）病虫防治。及时防治稻瘟病、白叶枯病、褐飞虱、螟虫等病虫害。尤其注意防治稻瘟病。

审定意见：该品种符合国家稻品种审定标准，通过审定。适宜在湖北省（武陵山区除外）、安徽省、河南省的稻瘟病轻发区作麦茬稻种植，稻瘟病重发区不宜种植。

90. 特优009

亲本来源：龙特甫A（♀）南恢009（♂）

选育单位：福建省南平市农业科学研究所

完成人：刘端华；江文清；周仕全；谢冬容；林芳；林明；陈泳和；应薛养；邹荣春

品种类型：籼型三系杂交水稻

适种地区：海南、广西中南部、广东中南部、福建南部的稻瘟病、白叶枯病轻发的双季稻区作早稻种植

南平市农科所用龙特浦A与自选恢复系南恢009配组育成的杂交稻新组合（刘端华等，2002）。

2005年国家审定，编号：国审稻2005001

特征特性：该品种属籼型三系杂交水稻。在华南作早稻种植，全生育期平均125天，比对照汕优63迟熟0.6天。株型适中，叶片较宽大，后期转色较好，株高117.6厘米，每亩有效穗数17.3万穗，穗长24.1厘米，每穗总粒数135.2粒，结实率82.2%，千粒重29.6克。抗性：稻瘟病平均6.8级，最高7级；白叶枯病7级。米质主要指标：整精米率43.7%，长宽比2.6，垩白粒率96%，垩白度29.7%，胶稠度44毫米，直链淀粉含量21.3%。

产量表现：2002年参加华南早籼高产组区域试验，平均亩产494.47千克，比对照汕优63增产3.34%（显著）；2003年续试，平均亩产539.62千克，比对照汕优63增产6.87%（极显著）；两年区域试验平均亩产522.69千克，比对照汕优63增产5.59%。2004年生产试验平均亩产513.36千克，比对照汕优63增产0.12%。

栽培要点：（1）育秧：适时播种，秧田每亩播种量12～15千克，大田每亩用种量1.0～1.5千克。（2）移栽：栽插密度20厘米×20厘米，每穴插2粒谷苗。（3）肥水管理：大田每亩施纯氮10～12千克，五氧化二磷6～8千克，氧化钾10～12千克。50%作基肥，40%作分蘖肥，10%作穗肥。在水浆管理上，做到够苗轻搁，湿润稳长，后期要重视养老根，忌断水过早。（4）病虫防治：注意及时防治穗瘟病、白叶枯病、稻飞虱等病虫害。

审定意见：经审核，该品种符合国家稻品种审定标准，通过审定。该品种熟期适中，产量高，感稻瘟病和白叶枯病，米质一般。适宜在海南、广西中南部、广东中南部、福建南部的稻瘟病、白叶枯病轻发的双季稻区作早稻种植。

91. 川香9838

亲本来源：川香29A（♀）辐恢838（♂）

选育单位：四川天宇种业有限责任公司；四川省农业科学院作物研究所

品种类型：籼型三系杂交水稻

适种地区：四川省平坝和丘陵地区、重庆海拔800米以下稻区作一季中稻种植

2007年重庆引种，编号：渝引稻2007009

引种单位：重庆辉煌农业发展有限公司

特征特性：该组合全生育期152天左右，比对照Ⅱ优838长1天，属中熟杂交水稻。株高112.7厘米，穗平着粒数167.6粒，穗平实粒数135.3粒，结实率81.0%，千粒重28.1克。

经法定检测单位农业部稻米及制品质量检测中心测定，整精米率53.9%，垩白粒率38.0%，垩白度6.2%，直链淀粉含量22.5%，为普通稻。

经涪陵区农科所对稻瘟病抗性检测鉴定，综合评价3级，抗性评价为中抗。

产量表现：2005年参加重庆市杂交水稻引种第一年试验，平均亩产534.6千克，比平均对照增产5.02%。2006年参加重庆市杂交水稻引种第二年试验，平均亩产513.2千克，比平均对照增产1.1%，两年平均增产3.05%。

审定意见：经审核，符合品种认定条件，通过认定。适宜我市海拔800米以下稻瘟病非常发区作一季中稻种植，并要求种子包衣、加强稻瘟病防治。

92. 枝优桂99

亲本来源：枝A（♀）桂99（♂）

选育单位：广西博白县农科所

品种类型：籼型三系杂交水稻

1997年广西审定，编号：桂审证字第131号

申请者：博白县农科所

育种者：博白县农科所

品种来源：枝优桂99系博白县农科所于1989年用自育的不育系枝A作母本，与广西水稻所育成的桂99恢复系配组而成的感温型迟熟组合。

特征特性：该组合桂南早造全生育期131天，株高116厘米，晚造全生育期116天。亩有效穗20.1万，每穗总粒数为112.9粒，结实率77.9%；千粒重24克，糙米率77.0%，精米率71.08%，整米率50.71%，无垩白，糊化温度

3，直链淀粉含量18.98％，胶稠度53毫米，蛋白质含量9.05％。鉴定稻瘟5级，白叶枯病3级。

产量表现：1992—1993年早造分别参加自治区水稻品种区试，桂南9和11个点，平均亩产为458.69和431.24千克，分别比对照汕优桂33亩增产0.9％和3.35％；1991—1996年全区累计种植面积478.58万亩，深受群众欢迎。

栽培要点：（1）参照当地杂交水稻迟熟组合栽培技术进行。早造3月上、中旬播种，晚造7月上旬播完种，插20厘米×13.2厘米或23.3厘米×13.2厘米，双本插植。（2）育好壮秧：因种子籽粒少，亩秧田播种量控制在6千克之内。秧龄不宜长。（3）本田肥水管理：要注意增施磷、钾肥和有机肥，不能偏施氮肥。并及时露晒田。（4）注意防治病虫害，特别注意防治稻瘟病。

制种要点：（1）参照汕优桂99进行，早造制种叶差比汕优桂99增1～1.5片，晚造时差增加4天。（2）培育父本多蘖壮秧，增加花粉量。（3）母本宜稀播，插嫩秧，早造在6叶插完，晚造在20天内插完。

93. 特优70

亲本来源：龙特甫A（♀）明恢70（♂）

选育单位：三明市农业科学研究所

品种类型：籼型三系杂交水稻

适种地区：福建、广西种植汕优63的地区种植

龙特浦A为母本，明恢70为父本育成（许旭明等，2000）

2001年国家审定，编号：国审稻2001011

特征特性：该组合属籼型三系杂交水稻。全生育期作中稻145～150天，作晚稻128～132天。株高95～100厘米，分蘖力强，株型集散适中，总叶片数16～17叶，剑叶长35～40厘米，叶鞘紫色，叶缘、叶片绿色，穗长23～25厘米，结实率80%以上，穗大粒多，无芒，每穗粒数138～142粒，千粒重27.5克。后期转色好，丰产性好。整精米率51.2%，胶稠度48毫米，

垩白率 92%，垩白度 32%，直链淀粉 22.2%。中抗稻瘟病、细条病，耐寒性中等。

产量表现：1996—1997 年参加福建省区试，平均亩产分别为 441.62 千克和 403.16 千克，分别比对照汕优 63 增产 6.07% 和 11.34%。

栽培要点：（1）稀播育壮秧，秧龄掌握在 30 天左右。（2）合理密植，插足基本苗：插植密度 20 厘米 ×23.3 厘米，每穴插 2 粒谷苗。（3）施肥：每亩施纯氮 12 ～ 15 千克，氮磷钾比为 1 ∶ 0.5 ∶ 0.7，应重施基肥，早追肥。（4）管水：寸水护苗，浅水促蘖，够苗搁田，干湿交替，适期断水。（5）及时防治纹枯病、稻曲病、螟虫和稻飞虱。

制种要点：特优 70 父本明恢 70 总叶片数 15 ～ 16 叶，生育期稳定，播始历期比明恢 63 短 5 ～ 7 天，花粉量大，花期集中；母本龙特甫 A 生育期较长，长势旺，穗大粒多，异交率高，因此，特优 70 制种易获高产，一般父母本时差 25 天，叶差 6.8 叶，做晚稻制种，时差 20 天。

全国品审会审定意见：该品种属籼型三系杂交水稻组合，全生育期与汕优 63 相当。株型集散适中，丰产性好，穗大粒多，后期转色好。外观米质较差，中抗稻瘟病，抗白叶枯病。制种时要特别注意提高不育系种子的纯度。适宜在福建、广西种植汕优 63 的地区种植。经审核，符合国家品种审定标准，通过审定。

94. 特优 128

亲本来源：龙特甫 A（♀）R128（♂）

选育单位：广西藤县种子公司；广西岑溪市种子公司

品种类型：籼型三系杂交水稻

2005 年海南审定，编号：琼审稻 2005007

特征特性：属感温型杂交水稻组合。全生育期 12 月播种 144 ～ 149 天，2 月中旬播种 119 ～ 131 天，平均比Ⅱ优 128（CK）短 1 ～ 2 天。每亩有效穗 18.7 万，株高 94.5 ～ 117.6 厘米，平均穗长 21.3 厘米，每穗总粒数平均 139.3

粒，结实率83.7%，千粒重26.0克。主要表现为株型适中，长势繁茂，群体整齐，分蘖力中等，穗粒结构协调，稻瘟病抗性与Ⅱ优128（CK）相当，白叶枯病抗性优于Ⅱ优128（CK），米质一般。

产量表现：2004年早造初试，平均亩产571.75千克，比Ⅱ优128（CK）增产1.64%，未达显著水平，名列第二位；2005年早造复试，平均亩产524.40千克，比Ⅱ优128（CK）增产1.90%，未达显著水平，日产量4.1千克；生产试验平均亩产458.55千克，比Ⅱ优128（CK）增产1.6%。

栽培要点：（1）培育壮秧：根据当地习惯与Ⅱ优128（CK）同期播种，早造25～30天左右，晚造秧龄18～20天。（2）移栽：插植规格5寸×6寸，每科2苗。（3）施肥：重底肥、早追肥，一般亩施纯氮9千克左右，氮、磷、钾比例为1：0.5：0.6。（4）水浆管理：浅水插秧，深水返青，薄水分蘖，够苗晒田。（5）防治病虫害：注意防治三化螟、稻蓟马等危害。

制种要点：（1）用于制种的亲本必须是原种或原种一代，特别是母本龙特浦A必须保证高纯度。（2）按规定严格除杂去劣，在长日照条件下制种纯度优于短日照，制种时注意培育强壮父本，加大花粉量，制种产量每亩在50千克以下时种子要慎用。（3）海南晚造制种父母本播差期为9天左右，其他管理同一般杂交稻制种。

省品审会审定意见：经审核，该品种符合海南省水稻品种审定标准，通过审定。该品种丰产性好，适应性广，稻瘟抗性与II优128（CK）表现相当，白叶枯抗性稍优于II优128（CK），米质一般，适宜海南省各市县早晚造种植，大面积生产上应注意防治病虫鼠害。

95. 金优253

亲本来源：金23A（♀）测253（♂）

选育单位：广西大学

品种类型：籼型三系杂交水稻

适种地区：广西桂南、桂中作早、晚稻，桂北作晚稻种植

1996年晚造利用自选的强优广谱恢复系测253与优质不育系金23A配组杂交（莫永生等，2003）

2000年广西审定，编号：桂审稻200020号

品种来源：母本：金23 A；父本：测253（从恢复系测25的分离变异株中筛选而成，测253源于ⅠR 36／田东野生稻／／／ⅠR 2061／／ⅠR 24／／古154）

特征特性：该品种属感温型中熟组合，早稻全生育期118天，晚稻107天。株型较松散，叶片较长，长势旺，分蘖力中等，茎秆稍软，耐肥抗倒性稍差。株高119厘米，每亩有效穗17万～19万穗，穗长26厘米，每穗总粒140粒左右，结实率85.0%以上，千粒重25.0克，米质较优。经农业部稻米及制品质量监督测试中心分析，糙米率82.2%，精米率75.1%，整精米率61.4%，长宽比3.1，垩白率68%，垩白度13.7%，透明度2级，碱消值3.6级，胶稠度60毫米，直链淀粉含量20.1%，蛋白质含量12.8%。

产量表现：1998年晚稻参加育成单位品比试验，平均亩产433.9千克，比对照汕优64增产8.2%；1999年早稻参加广西壮族自治区新品种筛选试验，平均亩产453.75千克，比对照汕优4480增产4.2%；2000年早稻参加广西壮族自治区区试。1998—2000年在来宾、柳江、武宣、隆安等地进行试种，一般亩产450千克左右，均比对照金优佳99增产。

栽培要点：注意及时露晒田，不宜偏施氮肥，要多施磷、钾肥，以防倒伏。其他参照一般感温型杂交水稻组合栽培。

制种要点：（1）测253作早稻主茎叶片数较稳定，为16片叶，晚稻播种至始穗期历期73～75天。（2）早制父母本叶差8.5叶，晚制时差24天。（3）父母本行比2 ∶ 14。（4）适时喷施九二〇，母本始穗10%左右连喷2～3次，亩用量12～14克。

广西壮族自治区品审会意见：该品种是品质较优的杂交水稻组合之一，经审核，符合广西水稻品种审定标准，予以审定通过。

适宜范围：适宜在广西桂南、桂中作早、晚稻，桂北作晚稻种植。

96. 威优 974

亲本来源：威 20A（♀）To974（♂）

选育单位：湖南省衡阳市农业科学研究所

品种类型：籼型三系杂交水稻

适种地区：桂北

2001 年广西审定，编号：桂审稻 2001081 号

品种来源：湖南省衡阳市农科所 1990 年用 V20A 与恢复系 To974 配组而成的感温型早熟组合。桂林地区种子公司于 1991 年引进。

特征特性：桂北早造种植全生育期 105 ～ 108 天，株型较紧凑，剑叶长宽适中不披垂，分蘖力较强，繁茂性好。亩有效穗 19 万左右，株高约 93 厘米，穗长 21 厘米左右，每穗总粒为 100 ～ 120 粒，结实率约 78.6%，千粒重 28 ～ 29 克。田间种植表现较抗稻瘟病、白叶枯病，外观米质较好。

产量表现：1992—1993 年早造参加桂林地区区试，平均亩产分别为 498.1 千克和 472.5 千克，比对照威优 48 增产 11.6% 和 9.4%。1992—2001 年桂林市累计种植面积 50 多万亩，一般亩产 440 ～ 500 千克。

栽培要点：（1）用 300 ～ 500 倍强氯精或 2500 倍使百克浸种消毒，预防恶苗病。（2）适宜于土壤肥力中等以上的田种植。施肥注意前重、中控、后轻，增施磷钾肥。

制种要点：（1）桂北早制父母本叶龄差为母本倒播 1 叶，晚制母本倒播 6 天。（2）亩喷施九二〇 16 ～ 18 克，母本始穗 10% ～ 15% 始喷，连喷三次。（3）母本始穗及齐穗期各喷施一次“克黑净”，防治黑粉病。

自治区品审会意见：经审核，桂林市农作物品种评审小组评审通过的威优 974，符合广西水稻品种审定标准，通过审定，可在桂北土壤肥力中等以上的稻田作早稻推广种植。

97. T78优2155

亲本来源：T78A（♀）明恢2155（♂）

选育单位：三明市农业科学研究所

完成人：许旭明；潘润生；张受刚；林荔辉；卓伟；马彬林；范祖军；杨腾帮；杨旺兴

品种类型：籼型三系杂交水稻

适种地区：福建、广西、广东梅州等稻瘟病轻发区

2006年福建审定，编号：闽审稻2006001

特征特性：全生育期两年区试平均127.3天，比对照威优77迟熟2.4天。株型适中，群体整齐，分蘖力较强，穗大，熟期转色好。株高106.9厘米，每亩有效穗20.1万，穗长23.3厘米，每穗总粒数136.1粒，结实率82.2%，千粒重25.3克。两年抗稻瘟病鉴定综合评价为感稻瘟病。两年米质检测平均结果：糙米率78.35%，精米率70.4%，整精米率57.6%，粒长6.25毫米，垩白率82%，垩白度24.2%，透明度3级，碱消值3级，胶稠度40.3毫米，直链淀粉含量21.8%，蛋白质含量8.5%。

产量表现：该组合2003年参加省早籼迟熟组区试，平均亩产490.17千克，比对照威优77增产5.21%，达极显著水平；2004年续试，平均亩产517.41千克，比对照威优77增产6.03%，达极显著水平。2005年生产试验平均亩产498.18千克，比对照威优77增产11.58%。

栽培要点：作早稻栽培3月上中旬播种，秧田亩播种量15千克，秧龄30～35天；插植规格17厘米×20厘米或20厘米×20厘米，丛插2粒谷；施足基肥，早施分蘖肥，亩施纯氮12～15千克，氮磷钾比例1∶0.5∶0.7，基肥、分蘖肥、穗肥的比例为5∶3∶2；浅水促蘖，够苗搁田，湿润分化，薄水扬花，干湿灌浆，适期断水；及时防治病虫害。

省品审会审定意见：T78优2155属迟熟早籼三系杂交稻组合，作早稻种植全生育期127天左右，比对照威优77迟熟2天。群体整齐，分蘖力较强，

丰产性好，感稻瘟病。适宜福建省稻瘟病轻发区作早稻种植，栽培上应注意防治稻瘟病。经审核，符合福建省品种审定规定，通过审定。

98. 旱优 73

亲本来源：沪旱 7A（♀）旱恢 3 号（♂）

选育单位：上海市农业生物基因中心；上海天谷生物科技股份有限公司

完成人：罗利军；余新桥；刘国兰；张安宁；王飞明；梅捍卫；李明寿；潘忠权；黎良通

品种类型：籼型三系杂交节水抗旱稻

2021 年湖北审定，编号：鄂审稻 20210001

申请者：上海市农业生物基因中心、上海天谷生物科技股份有限公司

育种者：上海市农业生物基因中心、上海天谷生物科技股份有限公司

品种来源：用不育系“沪旱 7A”和恢复系“旱恢 3 号”配组育成的三系杂交中稻品种。

特征特性：株型适中，长势中等，剑叶中到长、直立，性状整齐一致，穗型中长，粒多，谷粒细长形，稃尖无色、无芒，后期转色好。区域试验中株高 121.6 厘米，亩有效穗 22.3 万，穗长 24.5 厘米，每穗总粒数 157.8 粒，每穗实粒数 133.2 粒，结实率 84.4%，千粒重 29.47 克，全生育期 109.6 天，比黄华占短 1.2 天。病害鉴定为稻瘟病综合指数 3.1，稻瘟损失率最高级 3 级，中抗稻瘟病；白叶枯病 7 级，感白叶枯病；纹枯病 7 级，感纹枯病。耐热性 3 级，耐冷性 3 级。

品质产量：2017—2018 年参加湖北省种业创新测试联合体早熟中稻组品种区域试验，米质经农业农村部食品质量监督检验测试中心（武汉）测定，出糙率 79.5%，整精米率 66.7%，垩白粒率 13%，垩白度 3.3%，直链淀粉含量 13.7%，胶稠度 78 毫米，碱消值 5.3 级，透明 1 度级，长宽比 3.3，达到农业行业《食用稻品种品质》标准三级。两年区域试验平均亩产 630.41 千克，比对照黄华占增产 8.63%。其中：2017 年亩产 621.83 千克，比黄华占增产

7.03%；2018 年亩产 638.98 千克，比黄华占增产 10.23%。

栽培要点：（1）适时播种。5 月下旬至 6 月上旬播种，大田一般亩用种量 1.5 ～ 2 千克，播种前用咪鲜胺或强氯精浸种。（2）科学除草。播种后 3 天和秧苗 3 叶 1 心期及时除草，后期视田间草害发生情况及时除草。（3）科学管理肥水。一般亩施纯氮 11 千克，氮磷钾比例为 1 ∶ 0.5 ∶ 0.9。在秧苗 2 叶期前保持田间湿润，分蘖期浅水勤灌促分蘖，够苗及时晒田防止倒伏，孕穗至抽穗扬花期保持深水层，后期干湿交替直至黄熟。（4）病虫害防治。注意防治纹枯病、稻瘟病、稻曲病、白叶枯病和螟虫、稻飞虱等病虫害。

适宜范围：适于湖北省鄂西南以外地区作早熟中稻种植。

99. 先农 16 号

亲本来源：新香 A（♀）蓉恢 906（♂）

选育单位：江西省浮梁县利民水稻研究所

完成人：徐寿昌

品种类型：籼型三系杂交水稻

适种地区：广西北部、福建中北部、江西中南部、湖南中南部、浙江南部的双季稻区作晚稻种植

湖南杂交水稻研究中心育成的新香 A 与四川省成都市农科所育成的蓉恢 906 进行配组（徐顺辉等，2003）

2005 年云南审定，编号：滇审稻 200523 号

品种来源：四川省成都市第二农业科学研究所研制中籼杂交水稻组合（新香 A/ 蓉恢 906），2002 年由云南金瑞种业有限公司引进试种。

特征特性：籼型杂交稻。株高 107.7 厘米，株形紧凑，叶片较窄，叶色深绿，剑叶挺直，苗期生长旺盛，分蘖力强，成穗率高。有效穗 20.3 万 / 亩、穗粒数 172.5 粒，穗实粒数 133.9 粒，结实率 77.4%，千粒重 25.4 克，由农业部质量监督检验测试中心（武汉）的品质检测结果为：糙米率 78%，整精米率 56.2%，米粒长 6.2 毫米，长宽比 2.6，垩白粒率 70%，垩白度 14.0%，直链淀

粉含量26.53%，胶稠度35毫米。稻米经蒸煮后带有浓香的香味，属浓香型香稻，适口性好。全生育期154天，与汕优63的熟期基本一致，最高茎蘖数达到33.4万/亩，成穗率61.5%。中抗稻瘟病，抗白叶枯病，中抗纹枯病，耐肥性强，稻曲病轻，抗倒伏。

产量表现：2003—2004年参加云南省区试。2003年平均亩产634.1千克/亩，比对照汕63增产1.1%，2004年、2005年在云南省内进行多点试种和示范，永胜涛源种植3亩，平均亩产982.6千克，弥勒进行多点试种示范38亩，亩产741.6～833.3千克，平均亩产778.2千克，较对照金优桂99亩产728.6千克/亩，亩增产59.6千克，增长8.18%。

适种地区：适宜在种植汕优3地区种植。

栽培要点：栽培技术基本类似于汕优63，应适度密植，亩基本苗8万～10万，且适时播种，采取稀播、匀播，培育带蘖壮秧。施肥以基肥为主，追肥为辅，灌水应在亩总苗数25万左右及时晒田，抽穗至灌浆期浅水灌溉，蜡熟期开始断水，注意病虫防治。

100. 汕优287

亲本来源：珍汕97A（♀）水原287（♂）

选育单位：湖南杂交水稻研究中心

品种类型：籼型三系杂交水稻

适种地区：湖南省适宜区

1991年陕西审定，编号：245

1990年湖南认定，编号：湘品审（认）第147号

101. 秋优桂99

亲本来源：秋A（♀）桂99（♂）

选育单位：广西杂交水稻研究中心

品种类型：籼型三系杂交水稻

广西壮族自治区农科院杂交水稻研究中心用优质不育系秋A与桂99配组育成的弱感光型杂交稻组合（陈红光等，2003）

2000年广西审定，编号：桂审稻200015号

育种者：广西农科院杂交水稻研究中心

品种来源：母本：秋A；父本：桂99

特征特性：该品种属感光型晚籼组合，桂南7月上旬播种，全生育期125～127天，比博优桂99迟熟5天。株叶型集散适中，叶片直立不披垂，分蘖力强，繁茂性好，后期耐寒，转色较好。株高100厘米左右，亩有效穗19万～21万，每穗总粒160粒左右，结实率85.0%左右，千粒重20.0克，谷粒细长，米质好，无腹白。经农业部稻米及制品质量监督测试中心分析，糙米率82.3%，精米率75.2%，整精米率60.5%，长宽比3.0，垩白率23.0%，垩白度4.9%，透明度2级，碱消值6.9级，胶稠度50毫米，直链淀粉含量21.9%，蛋白质含量10.4%。抗性鉴定：叶瘟4级，穗瘟7～9级，白叶枯病2.5级。但该组合较易落粒，对产量影响较大。

产量表现：1996—1997年晚稻参加自治区区试，桂南6个试点，平均亩产分别为371.38千克和269.75千克，比对照博优64减产3.95%和18.92%，但因其米质优，评为入选组合，扩大试种。1996年起，在平南、田阳、平果、玉州、北流等地进行生产试验和扩大试种，一般亩产450～500千克，各地反映米质较优。

栽培要点：适时早收，减少产量损失。因该组合较易落粒，应在大田成熟度达到九成便开始收割。其他栽培技术参照博优桂99。

制种要点：（1）早制叶差6.5叶，晚制时差13～15天。（2）因秋A对九二O较敏感，亩制种田920用量以6～8克为宜，且喷施时期要掌握在抽穗20%～30%时喷，过早或过量喷施九二O均会显著降低秋A的异交结实率和制种产量。

102. 金优 191

亲本来源：金 23A（♀）R191（♂）

选育单位：湖南省安江农业学校

品种类型：籼型三系杂交水稻

适种地区：广西中北部作早、晚稻种植

湖南怀化职业技术学院用自选恢复系 R191 与湖南常德市农科所选育的不育系金 23A 配组而成的中熟晚籼组合（舒克培等，2004）

2001 年广西审定，编号：桂审稻 2001092 号

品种来源：桂林市种子公司用金 23A 与父本 191（从湖南安江农校引进）配组而成的感温型中熟组合。

特征特性：桂北种植全生育期早造 120 天左右，晚造 105 天左右。株叶型适中，生长势强，叶片挺直，叶色绿，叶鞘、叶舌、叶耳均为浅紫色，分蘖力中等，后期熟色好。株高 106 厘米左右，亩有效穗 17 万～ 20 万，每穗总粒 110 ～ 145 粒，结实率 75% 左右，千粒重 27 克，外观米质中等，田间种植表现抗稻瘟病能力一般。

产量表现：1998—1999 年参加桂林市区试，其中 1998 年早、晚造平均亩产分别为 463.4 千克和 451.0 千克，比对照威优 64 增产 18.2% 和 2.1%；1999 年早造平均亩产 425 千克，比对照威优 64 增产 6.5%。1998—2001 年桂林市累计种植面积 8 万亩左右，一般亩产 450 ～ 500 千克。

栽培要点：不宜偏施氮肥和后期断水过早，注意防治稻瘟病。其他参照一般早熟杂交水稻组合进行。

制种要点：（1）桂北早制父母本叶龄差 4.5 叶，晚制时差 15 天左右。（2）母本抽穗 10% ～ 15% 时始喷九二〇，亩用 12 ～ 14 克。（3）注意防治黑粉病。

自治区品审会意见：经审核，桂林市农作物品种评审小组评审通过的金优 191，符合广西水稻品种审定标准，通过审定，可在桂中、桂北作早、晚稻推广种植。

103. 川香优 6 号

亲本来源：川香 29A（♀）成恢 178（♂）

选育单位：四川省农业科学院作物研究所；四川科瑞种业有限公司

品种类型：籼型三系杂交水稻

适种地区：适宜在云南、贵州、重庆的中低海拔稻区（武陵山区除外）、四川平坝丘陵稻区、陕西南部稻区以及福建、江西、湖南、湖北、安徽、浙江、江苏的长江流域稻区（武陵山区除外）、河南南部稻区的白叶枯病轻发区作一季中稻种

四川省农业科学院作物研究所用川香 29A 与成恢 178 配组育成的三系杂交香稻组合（刘光春等，2008）

2005 年国家审定，编号：国审稻 2005016

特征特性：该品种属籼型三系杂交水稻。株型适中，叶色淡绿，长势繁茂，后期转色好。（1）长江上游：作一季中稻种植，全生育期平均 158.8 天，比对照汕优 63 迟熟 4.9 天。株高 113.6 厘米，每亩有效穗数 16.7 万穗，穗长 25.2 厘米，每穗总粒数 167.2 粒，结实率 77.8%，千粒重 28.6 克。抗性：稻瘟病平均 3 级，最高 3 级；白叶枯病 7 级；褐飞虱 9 级。米质主要指标：整精米率 65.9%，长宽比 2.7，垩白粒率 25%，垩白度 4.0%，胶稠度 78 毫米，直链淀粉含量 21.8%。（2）长江中下游：作一季中稻种植，全生育期平均 136.7 天，比对照汕优 63 迟熟 3.8 天。株高 120.5 厘米，每亩有效穗数 17.4 万穗，穗长 25.4 厘米，每穗总粒数 158.3 粒，结实率 73.8%，千粒重 28.8 克。抗性：稻瘟病平均 3.2 级，最高 5 级；白叶枯病 7 级；褐飞虱 7 级。米质主要指标：整精米率 63.0%，长宽比 3.0，垩白粒率 27%，垩白度 5.7%，胶稠度 74 毫米，直链淀粉含量 22.7%。

产量表现：（1）长江上游：2003 年参加中籼迟熟优质 B 组区域试验，平均亩产 585.29 千克，比对照汕优 63 增产 3.25%（极显著）；2004 年续试，平均亩产 578.38 千克，比对照汕优 63 增产 0.20%（不显著）；两年区域试验平

均亩产 581.84 千克，比对照汕优 63 增产 1.72%。2004 年生产试验平均亩产 535.12 千克，比对照汕优 63 增产 3.33%。（2）长江中下游：2003 年参加中籼迟熟优质 B 组区域试验，平均亩产 515.28 千克，比对照汕优 63 增产 5.69%（极显著）；2004 年续试，平均亩产 582.72 千克，比对照汕优 63 增产 4.41%（极显著）；两年区域试验平均亩产 549.00 千克，比对照汕优 63 增产 5.05%。2004 年生产试验平均亩产 524.82 千克，比对照汕优 63 增产 6.99%。

栽培要点：（1）育秧：根据当地生产情况适时播种。（2）移栽：一般每亩栽插 1.2 万～ 1.5 万穴、基本苗 10 万～ 12 万苗。（3）肥水管理：需肥量中等偏上，一般每亩施纯氮 8 ～ 10 千克、磷肥 20 ～ 30 千克、钾肥 15 ～ 20 千克。在水浆管理上，做到前期浅水，中期轻搁，后期干湿交替。（4）病虫防治：根据当地病虫害实际和发生动态，注意及时防治白叶枯病等病虫害。

国家品审会审定意见：经审核，该品种符合国家稻品种审定标准，通过审定。（1）长江上游：该品种米质较优，产量中等，中抗稻瘟病，感白叶枯病，熟期较迟。适宜在云南、贵州、重庆的中低海拔稻区（武陵山区除外）、四川平坝丘陵稻区、陕西南部稻区的白叶枯病轻发区作一季中稻种植。（2）长江中下游：该品种产量高，米质较优，中感稻瘟病，感白叶枯病，熟期较迟。适宜在福建、江西、湖南、湖北、安徽、浙江、江苏的长江流域稻区（武陵山区除外）以及河南南部稻区的白叶枯病轻发区作一季中稻种植。

104. 特优航 1 号

亲本来源：龙特甫 A（♀）航 1 号（♂）

选育单位：福建省农业科学院水稻研究所

完成人：王乌齐

品种类型：籼型三系杂交水稻

适种地区：云南、贵州、重庆的中低海拔稻区（武陵山区除外）、四川平坝丘陵稻区、陕西南部稻区的稻瘟病轻发区作一季中稻种植；广东省粤北以外稻作区早造、中南和西南稻作区晚造种植

福建省农科院水稻研究所利用不育系龙特甫A与恢复系航1号选配而成的杂交稻品种（黄庭旭等，2010）

2008年广东审定，编号：粤审稻2008020

特征特性：感温型三系杂交稻组合。晚造平均全生育期114～116天，比丰优128迟熟4天。分蘖力中弱，植株较高大，株型中集，剑叶较长，茎秆粗壮，抗倒力强。抗寒性模拟鉴定孕穗期为中，开花期为中强。株高107.0～110.3厘米，穗长23.6厘米，每穗总粒数133～143粒，结实率78.9%～80.7%，千粒重29.2克。晚造米质未达优质标准，整精米率61.7%～69.5%，垩白粒率33%～41%，垩白度10.2%～12.6%，直链淀粉含量22.2%～23.5%，胶稠度37～41毫米，长宽比2.4，食味品质分73～74。中感稻瘟病，全群抗性频率49.0%，对中B群、中C群的抗性频率分别为38%和76.9%，田间发病中等；感白叶枯病，对C4、C5菌群均表现感。

产量表现：2005、2006年晚造参加省区试，平均亩产分别为423.5千克和485.0千克，分别比对照组合丰优128增产6.95%和11.49%，2005年增产未达显著水平，2006年增产达极显著水平且名列同组第一；2006年晚造参加省生产试验，平均亩产514.4千克。

栽培要点：注意防治稻瘟病和白叶枯病，白叶枯病常发区不宜种植。

制种要点：（1）播差期：Ⅱ期父本推迟5～7天播种，母本与Ⅰ期父本时差22天，与Ⅱ期父本时差16天。（2）本田栽插时，行比2：10～12，与母本行间距24厘米，父本株行距20厘米×25厘米，母本株行距15厘米×15厘米，丛插1～2粒谷。

省品审会审定意见：特优航1号为感温型三系杂交稻组合。晚造全生育期比丰优128迟熟4天。丰产性较好，晚造米质未达优质标准，中感稻瘟病，感白叶枯病，抗寒性中。适宜我省粤北以外稻作区早造，中南和西南稻作区晚造种植，栽培上要注意防治稻瘟病和白叶枯病，白叶枯病常发区不宜种植。符合广东省农作物品种审定标准，审定通过。

105. 广 8 优 165

亲本来源：广 8A（♀）GR165（♂）

选育单位：广东省农业科学院水稻研究所；广东省金稻种业有限公司

品种类型：籼型三系杂交水稻

不育系广 8A 与恢复系 GR165 组配选育而成的弱感光型三系杂交稻组合（顾海永等，2017）

2022 年贵州审定，编号：黔审稻 20220031

申请者：广西兆和种业有限公司

育种者：广西兆和种业有限公司、广东省农业科学院水稻研究所、广东省金稻种业有限公司

品种来源：广 8A×GR165

特征特性：迟熟籼型三系杂交水稻。全生育期 153.7 天，比对照 F 优 498 晚熟 3.4 天。株高 112.7 厘米，亩有效穗数 16.8 万穗，结实率 80.3%，千粒重 22.8 克。

产量表现：2021 年铜仁市生产试验平均亩产 636.9 千克，比对照 F 优 498 增产 9.8%，增产点率 100%。

栽培要点：（1）育秧：做好种子消毒处理，适时播种，培育多蘖壮秧。（2）移栽：秧龄 35 ～ 40 天，合理密植，每亩栽插 1.5 万穴左右，每穴栽插 2 粒种子苗。（3）肥水管理：配方施肥，重底肥，早追肥，后期看苗补施穗粒肥，每亩施纯氮 10 ～ 12 千克，氮、磷、钾合理搭配，底肥占 70%，追肥占 30%。深水返青，浅水分蘖，够苗及时晒田，孕穗抽穗期保持浅水层，灌浆结实期干湿交替，后期忌断水过早。（4）病虫防治：注意及时防治稻瘟病、纹枯病、螟虫、稻飞虱等病虫害，尤其注意防治稻瘟病。

审定意见：适宜贵州省铜仁市籼稻区种植。

106. 五丰优 615

亲本来源：五丰 A（♀）广恢 615（♂）

选育单位：广东省农业科学院水稻研究所

品种类型：籼型三系杂交水稻

2006 年早季，经过多代选育稳定的广恢 615 与不育系五丰 A 配组育成杂交稻（刘志霞等，2019）

2012 年广东审定，编号：粤审稻 2012011

选育单位：广东省农业科学院水稻研究所

品种来源：五丰 A/ 广恢 615

特征特性：感温型三系杂交稻组合。早造平均全生育期 129 天，与对照种粤香占相当。株型中集，分蘖力中等，穗大粒多，抗倒力中强，耐寒性中强，后期熟色好。株高 98.6 ～ 102.1 厘米，亩有效穗 17.7 万～ 18.1 万，穗长 21.4 ～ 21.7 厘米，每穗总粒数 157 ～ 168 粒，结实率 80.3% ～ 85.0%，千粒重 22.2 ～ 22.9 克。米质未达优质等级，整精米率 51.1% ～ 68.7%，垩白粒率 58% ～ 63%，垩白度 21.3% ～ 23.5%，直链淀粉含量 12.1% ～ 13.0%，胶稠度 86 ～ 90 毫米，长宽比 2.8 ～ 2.9，食味品质分 75 ～ 77。中抗稻瘟病，全群抗性频率 92.86% ～ 100%，对中 B 群、中 C 群的抗性频率分别为 81.25% ～ 100% 和 100%，病圃鉴定叶瘟 1.4 ～ 2.5 级（单点最高 4.0 级）、穗瘟 1.8 ～ 4.0 级（单点最高 7.0 级）；感白叶枯病（IV 型菌 7 级、V 型菌 9 级）。

产量表现：2010、2011 年早造参加省区试，平均亩产分别为 447.22 千克和 543.42 千克，比对照种粤香占分别增产 14.79% 和 18.78%，增产均达极显著水平。2011 年早造参加省生产试验，平均亩产 478.19 千克，比对照种粤香占增产 9.24%。日产量 3.47 ～ 4.21 千克。

栽培要点：注意防治稻瘟病和白叶枯病。

制种要点：在海南冬春季制种，父、母本播差期约 7 天。

省品审会审定意见：五丰优 615 为感温型三系杂交稻组合。早造全生育期与对照种粤香占相当。丰产性突出，米质未达优质等级，中抗稻瘟病，感白叶枯病，耐寒性中强。适宜我省粤北以外稻作区早、晚造种植，栽培上要注意防治稻瘟病和白叶枯病。

107. 汕优 149

本来源：珍汕 97A（♀）成恢 149（♂）

选育单位：四川省农业科学院作物研究所

品种类型：籼型三系杂交水稻

1990 年成恢 149 与珍汕 97A 配组（李青茂等，1998）

2000 年贵州审定，编号：黔品审 254 号

品种来源：该组合是四川省农科院作物研究所用不育系珍汕 97A 与自育强优恢复系成恢 149 配组而成。1996 年贵州省种子公司引进，属于中籼迟熟组合。

特征特性：生育期 148 天，比汕优 63 早熟 1 ～ 2 天，株高 107 厘米，穗长 24 厘米，亩有效穗 18 万，穗粒数 142 粒，结实率 84%，千粒重 29 克，分蘖力强，株型紧凑，叶片窄而直，抗病性强，后期熟色好。

产量表现：省内多点示范平均亩产 520 ～ 540 千克，比对照汕优 63 增产 2% ～ 3%。

栽培要点：适时播种，采用旱育秧或两段育秧培育壮秧；合理密植，亩栽 1.5 万～ 2.0 万穴，亩基本苗 8 ～ 10 万；施足基肥，重施分蘖肥，补施适量的穗肥，注意氮、磷、钾的合理搭配；及时防治病虫害；适时收获。

适宜种植地区：可在我省海拔 1100 米以下的黔西南、黔南等的中低海拔水稻适宜地区种植。

108. 威优晚 3

亲本来源：威 20A（♀）晚 3（♂）

选育单位：湖南杂交水稻研究中心

完成人：唐传道

品种类型：籼型三系杂交水稻

适种地区：湖南

V20A× 晚 3（唐传道等，1994）

1994 年湖南审定，编号：湘品审第 137 号

"威优晚 3"（V20A× 晚 3）是湖南杂交水稻研究中心选配的中熟杂交晚籼组合。全生育期比"威优 64"长 2 天，经鉴定较抗白叶枯病、抗稻瘟病能力较弱。米质中等。区试亩产 483 千克。可在全省稻瘟病轻的双季稻区推广。

109. 先农 3 号

亲本来源：金 23A（♀）先恢 1 号（♂）

选育单位：江西省种子公司

品种类型：籼型三系杂交水稻

适种地区：赣中南地区种植

2005 年江西审定，编号：赣审稻 2005008

品种来源：不育系金 23A× 先恢 1 号（测 64—7 系选）杂交选配的杂交早稻组合。

特征特性：全生育期 112.2 天，比对照金优 402 迟熟 1.5 天。株型较松散，生长旺盛，剑叶长挺，分蘖力强，成穗率较高，穗大粒多，结实率较高，后期落色好。株高 90.9 厘米，亩有效穗 23.7 万，每穗总粒数 111.9 粒，每穗实粒数 85.6 粒，结实率 76.5%，千粒重 26.5 克。出糙率 81.6%，精米

率 65.8%，整精米率 31.8%，垩白粒率 67%，垩白度 10.0%，直链淀粉含量 19.58%，胶稠度 58 毫米，粒长 7.2 毫米，长宽比 3.2，透明度 3 级，碱消值 5 级。稻瘟病抗性自然诱发鉴定：苗瘟 0 级，叶瘟 2 级，穗瘟 0 级。

产量表现：2003—2004 年参加江西省水稻区试，2003 年平均亩产 477.21 千克，比对照金优 402 增产 4.71%；2004 年平均亩产 500.98 千克，比对照金优 402 增产 2.71%。

栽培要点：3 月中、下旬播种，大田亩用种量 2 千克，每亩秧田播种量不超过 20 千克。秧龄 30 天以内，栽插规格 6 寸 ×5 寸，每穴 2 ～ 3 粒谷苗。亩施纯氮 12 千克，氮、磷、钾比为 10 ∶ 6 ∶ 9。浅水勤灌促分蘖，够苗适度晒田，孕穗、抽穗保持水层，齐穗后以湿为主，干湿交替至成熟，勿断水过早。注意防治病虫害。

110. 汕优 016

亲本来源：珍汕 97A（♀）福恢 016（♂）

选育单位：福建省农产院稻麦所

品种类型：籼型三系杂交水稻

1991 年福建审定，编号：闽审稻 1991002

111. 特优多系 1 号

亲本来源：龙特甫 A（♀）多系 1 号（♂）

选育单位：漳州市农业科学研究所

品种类型：籼型三系杂交水稻

适种地区：福建、广西种植汕优 63 的地区

福建省漳州市农科所 1994 年用不育系龙特浦 A 与恢复系多系 1 号配制而成（郭福泰等，1998）

2001年国家审定，编号：国审稻2001013

特征特性：该组合属籼型三系杂交水稻。全生育期早稻：145天，中稻：140天，晚稻：125天。株高110厘米左右，株叶形态好，株型集散适中，主茎总叶片数16～17叶，分蘖力强，分蘖起步早，成穗率较高。叶层结构理想，叶片挺直，叶色浓绿，上部三片功能叶叶角小，剑叶短且直立，后期转色好，秸青谷黄，有利提高光能利用率，穗、粒、重三者能协调发展。每亩有效穗17.5万～20万穗，每穗总粒数120～140粒，结实率85%～91%，千粒重28～29.2克。整精米率61.1%，垩白率96%，垩白度18.2%，胶稠度60毫米，直链淀粉含量21.6%。抗稻瘟病，中抗白叶枯病。

产量表现：1995年参加福建省晚稻杂优组区试，平均亩产446.31千克，比对照汕优63增产3.34%，不显著；1996年续试平均亩产468.68千克，比汕段63增产7.76%，达极显著。1996年参加全国中稻杂优组区试，亩产535.84千克，比对照汕优63增产4.25%，1997年全国中稻区试平均亩产594.8千克，比汕优63增产3.39%。

栽培要点：（1）适时播种，培育壮秧：在福建省漳州市，早稻2月下旬播种，秧龄45天，中稻4月下旬播种，秧龄25天，晚稻7月18日前播种，秧龄20天。采用湿润稀播种。（2）合理密植：株行距20厘米×23厘米，每穴栽2粒谷苗。（3）科学施肥：重施基肥，以有机肥为主，早施分蘖肥，酌情补施穗肥。（4）加强中期田间管理：及时搁田，注意防治病、虫、鼠害。

制种要点：制种播插期参照特优63，一般采用早、中季制种，叶龄差第一期父母本6片叶左右，第二期父母本叶差为5片叶左右。

全国品审会审定意见：该品种属籼型三系杂交水稻，全生育期与汕优63相当。株叶形态好，丰产性好，分蘖力偏弱，成穗率较高，穗大结实好，后期转色好，抗倒性强，外观米质较差。抗稻瘟病、中抗白叶枯病。制种时要特别注意不育系种子的纯度。适宜在福建、广西种植汕优63的地区种植。经审核，符合国家品种审定标准，通过审定。

112. Q优5号

亲本来源：Q2A（♀）成恢047（♂）

选育单位：重庆市种子公司

完成人：李贤勇；王楚桃；李顺武；何永歆

品种类型：籼型三系杂交水稻

适种地区：云南、贵州、重庆的中低海拔稻区（武陵山区除外）、四川平坝丘陵稻区、陕西南部稻区的稻瘟病、白叶枯病轻发区作一季中稻种植

重庆市种子公司和重庆市农科所用自育优质不育系Q2A与成恢047配组而成的中籼优质杂交水稻组合（李贤勇等，2004）

2005年国家审定，编号：国审稻2005011

特征特性：该品种属籼型三系杂交水稻。在长江上游作一季中稻种植，全生育期平均154.2天，比对照汕优63迟熟0.1天。株型适中，剑叶较披，株高111.6厘米，每亩有效穗数16.8万穗，穗长24.8厘米，每穗总粒数178.4粒，结实率79.8%，千粒重25.7克。抗性：稻瘟病平均5.9级，最高9级；白叶枯病7级；褐飞虱9级。米质主要指标：整精米率66.4%，长宽比2.9，垩白粒率15%，垩白度2.7%，胶稠度63毫米，直链淀粉含量15.8%，达到国家《优质稻谷》标准3级。

产量表现：2003年参加长江上游中籼迟熟优质A组区域试验，平均亩产590.79千克，比对照汕优63增产2.53%（极显著）；2004年续试，平均亩产566.60千克，比对照汕优63减产1.78%（不显著）；两年区域试验平均亩产578.69千克，比对照汕优63增产0.38%。2004年生产试验平均亩产557.16千克，比对照汕优63增产6.92%。

栽培要点：（1）育秧：适时播种，每亩大田用种量1千克。（2）移栽：秧苗4.5叶左右移栽，每亩栽插1.2万～1.5万穴，每穴栽插2粒谷苗。（3）肥水管理：中等肥力田每亩施纯氮10千克、五氧化二磷6千克、氧化钾8千克。磷肥全作底肥；氮肥70%作底肥，30%作追肥；钾肥60%作底肥，

40% 作追肥。追肥应在移栽后 7 ～ 10 天及时施用。在水浆管理上，做到前期浅水，中期轻搁，后期干湿交替。（4）病虫防治：注意及时防治稻瘟病、白叶枯病、稻飞虱、螟虫、纹枯病等病虫害。

国审会审定意见：经审核，该品种符合国家稻品种审定标准，通过审定。该品种熟期适中，米质优，产量中等，高感稻瘟病，感白叶枯病。适宜在云南、贵州、重庆的中低海拔稻区（武陵山区除外）、四川平坝丘陵稻区、陕西南部稻区的稻瘟病、白叶枯病轻发区作一季中稻种植。

113. 汕优 4480

亲本来源：珍汕 97A（♀）R4480（♂）

选育单位：广东省农业科学院水稻研究所

品种类型：籼型三系杂交水稻

适种地区：广东省北部和东北部地区作早、晚造种植

1997 年广东审定，编号：粤审稻 1997003

品种来源：珍汕 97A/R4480（3550/ 测 64）

特征特性：感温型杂交稻组合。全生育期早造 126 天，与汕优 64 相近，株高 95 ～ 99 厘米，分蘖力较弱，秆粗，抗倒性较强，生长稳定，平均每穗总粒数 142 ～ 147 粒，结实率 82%，千粒重 24 克，后期熟色好。稻米外观品质为早造三级，适口性好，糙米率 79.7%，精米率 71.6%，垩白粒率 47%，直链淀粉含量 23.6%，胶稠度 35 毫米，碱消值 5.0 级，蛋白质含量 9.7%。高抗稻瘟病，全群抗性比 96%，感白叶枯病（7 级）。

产量表现：1993、1996 年两年早造参加省区试，平均亩产分别为 384.0 千克、459.8 千克，比对照组合汕优 64、汕优 96 分别增产 0.29% 和 0.59%，增产均不显著。

栽培要点：（1）早造秧龄 30 天为宜，晚造 18 ～ 20 天。（2）早施重施分蘖肥。（3）实行“浅、露、活、晒”相结合的管水方法，做到浅水移植，寸水活苗，薄水分蘖，够苗晒田。（4）特别注意防治稻瘟病。

114. T优898

亲本来源：T98A（♀）R898（♂）

选育单位：湖南隆平高科农平种业有限公司；袁隆平农业高科技股份有限公司江西种业分公司

完成人：廖翠猛

品种类型：籼型三系杂交水稻

适种地区：赣中南稻瘟病轻发区

湖南隆平种业有限公司用T98A与自选恢复系R898配组育成的高产、优质、高抗杂交早稻组合（王忠华等，2009）。

2005年江西审定，编号：赣审稻2005080

品种来源：不育系T98A×R898（R207/R288）杂交选配的杂交早稻组合

特征特性：全生育期112.4天，比CK金优402长2.1天。株高93.6厘米，亩有效穗22.0万，每穗总粒数119.6粒，每穗实粒数94.5粒，结实率79.0%，千粒重24.7克。出糙率81.8%，精米率68.6%，整精米率39.9%，垩白粒率47%，垩白度7.0%，直链淀粉含量20.67%，胶稠度75毫米，粒长7.0毫米，长宽比3.2。稻瘟病抗性自然诱发鉴定：苗瘟0级，叶瘟3级，穗瘟5级。

产量表现：2003—2004年参加江西省水稻区试，2003年平均亩产469.74千克，比对照金优402减产0.74%；2004年平均亩产459.57千克，比对照金优402减产5.12%，减产显著。

栽培要点：3月15～20日播种，每亩秧田用种量15～20千克，亩用种量1.5～2.0千克。秧龄30天以内，栽插规格5寸×6寸，每穴2粒谷苗。亩施纯氮10千克，磷6.0千克，钾6.5千克，氮、磷、钾比为1.0：0.6：0.65。浅水分蘖，够苗晒田，孕穗抽穗期保持浅水，干湿壮籽，后期防断水过早，湿润养根。注意防治稻瘟病及其他病虫害。

115. 天优 122

亲本来源：天丰 A（♀）广恢 122（♂）

选育单位：广东省农业科学院水稻研究所

品种类型：籼型三系杂交水稻

适种地区：广西中北部、广东北部、福建中北部、江西中南部、湖南中南部、浙江南部

广东省农科院水稻所利用优质籼稻不育系天丰 A 作母本，广恢 122 作父本配组育成的优质高产抗病三系杂交稻组合（刘国辉等，2007）

2009 年国家审定，编号：国审稻 2009029

特征特性：该品种属籼型三系杂交水稻。在长江中下游作双季晚稻种植，全生育期平均 116.6 天，比对照汕优 46 短 2.9 天。株型紧凑，茎秆较细，剑叶短挺，叶色淡绿，熟期转色好，稃尖紫色、穗顶部谷粒有少许短芒，每亩有效穗数 18.8 万穗，株高 101.8 厘米，穗长 21.5 厘米，每穗总粒数 141.9 粒，结实率 77.6%，千粒重 25.4 克。抗性：稻瘟病综合指数 3.9 级，穗瘟损失率最高 5 级；白叶枯病 7 级；褐飞虱 9 级。米质主要指标：整精米率 63.4%，长宽比 3.5，垩白粒率 6%，垩白度 0.8%，胶稠度 81 毫米，直链淀粉含量 20.7%，达到国标优质 1 级。

产量表现：2006 年参加长江中下游中迟熟晚籼组品种区域试验，平均亩产 480.36 千克，比对照汕优 46 增产 1.93%（极显著）；2007 年续试，平均亩产 491.33 千克，比对照汕优 46 增产 2.76%（极显著）；两年区域试验平均亩产 485.84 千克，比对照汕优 46 增产 2.35%，增产点比例 64.1%；2008 年生产试验，平均亩产 524.39 千克，比对照汕优 46 增产 7.38%。

栽培要点：（1）育秧：适时播种，秧田每亩播种量 10 ～ 12.5 千克，稀播，注意防治稻蓟马，培育壮秧。（2）移栽：移栽秧龄一般为 18 ～ 20 天左右，每亩栽插 1.8 万～ 2 万穴，基本苗 4 万苗左右。（3）肥水管理：施足基肥，早施重施分蘖肥，生长后期注意看苗情补施保花肥。水浆管理上宜浅水

移栽，寸水活棵，薄水促分蘖，够苗晒田。（4）病虫防治：注意及时防治螟虫、纹枯病、稻瘟病、白叶枯病、稻飞虱等病虫害。

审定意见：该品种符合国家稻品种审定标准，通过审定。熟期适中，产量中等，中感稻瘟病，感白叶枯病，高感褐飞虱，米质优。适宜在广西中北部、广东北部、福建中北部、江西中南部、湖南中南部、浙江南部的白叶枯病轻发的双季稻区作晚稻种植。

116. 天优 3301

亲本来源：天丰 A（♀）闽恢 3301（♂）

选育单位：福建省农业科学院生物技术研究所；广东省农业科学院水稻研究所

完成人：王锋

品种类型：籼型三系杂交水稻

适种地区：福建省稻瘟病轻发区作晚稻种植

福建省农科院生物技术研究所、广东省农科院水稻研究所用不育系天丰 A 与恢复系闽恢 3301 配组育成的三系晚籼杂交水稻组合（温玉珍等，2009；陈建民等，2013）

2011 年海南审定，编号：琼审稻 2011015

选育单位：福建省农科院生物技术研究所

引种单位：海南海亚南繁种业有限公司

品种来源：天丰 A× 闽恢 3301

特征特性：属籼型感温三系杂交水稻组合。全生育期 118 ～ 144 天，比 T 优 551（CK）短 2.1 天，比特优 009（CK）短 4.0 天。主要农艺性状：长势繁茂，株型适中，后期熟色较好。每亩有效穗数约 18.60 万，平均株高 103.6 厘米，平均穗长 22.7 厘米，每穗总粒数 126.0 粒，结实率 85.5%，千粒重 30.0 克。两年抗性综合表现苗瘟 3 级，叶瘟 4 级，穗颈瘟 4 级，白叶枯 7 级，纹枯 9 级。米质主要指标两年综合表现：整精米率 31.8%，垩白粒率 46%，垩白度

15.6%，直链淀粉含量 20.2%。

产量表现：2010 年早造首次参加我省区试，平均亩产 536.44 千克，比 T 优 551（CK）增产 4.51%，达极显著水平，日产量 4.3 千克。2011 年早造续试，平均亩产 571.55 千克，比特优 009（CK）增产 3.94%，达显著水平，日产量 4.49 千克。生产试验平均亩产 613.84 千克，比特优 009（CK）增产 12.80%。

栽培要点：（1）适时播种，培育壮秧。在海南作早造栽培一般 12 月份下旬播种，在海南北部地区 2 月中旬播种。播种前施足基肥，适时稀播匀播、细管，培育带蘖壮秧。（2）适时移栽，合理密植。秧龄 25 ～ 30 天。插植规格肥田 5 寸 ×7 寸，瘦田 5 寸 ×6 寸，每穴插 2 ～ 3 粒谷苗。（3）科学肥水管理。施足基肥，早施重施分蘖肥，注意氮、磷、钾肥配合施用，中期控氮增施磷钾肥，后期看苗适当补施以钾肥为主的花粒肥，以防剑叶披垂。泥皮水浅插，深水护苗回青，薄水促分蘖，够苗及时排水露晒田，孕穗至抽穗期保持浅水层，灌浆至成熟期间歇灌水，活熟到老。（4）秧田注意防治稻蓟马、白背飞虱，大田及时防治三化螟、稻纵卷叶螟、稻飞虱和稻瘟病、白叶枯病、稻曲病、矮缩病等，在稻瘟病多发区或重发年种植于见穗期注意防治稻瘟病，在白叶枯病易发地区种植注意防治白叶枯病。氮肥过多或太肥田要慎防纹枯病。

省品审会审定意见：经审核，该品种符合海南省水稻品种审定标准，通过审定。全生育期 118 ～ 144 天，比 T 优 551（CK）短 2.1 天，比特优 009（CK）短 4.0 天。丰产性好，两年田间综合表现抗苗瘟，中抗叶瘟和穗颈瘟，中感白叶枯，米质经检测一般。适宜我省各市县作早稻种植，注意防治稻瘟病和白叶枯病。

117. 特优 721

本来源：龙特甫 A（♀）R721（♂）

选育单位：汕头市农业科学研究所

品种类型：籼型三系杂交水稻

适种地区：广东省粤北以外地区早造种植

汕头市农业科学研究所用龙特浦A与该所新育成的恢复系R721配组而成的中迟熟感温型华南杂交早稻组合（黄广平等，2003）

2002年广东审定，编号：粤审稻2002009

特征特性：感温型三系杂交稻组合。早造平均全生育期130天，与汕优63相同。植株高大、集散适中，株高110厘米，分蘖力较弱，亩有效穗17万，穗长23厘米，平均每穗总粒数142粒，结实率83.2%～84.9%，千粒重29克。稻米外观品质鉴定为早造四级，整精米率50.4%，垩白率100%，垩白度50.2%，胶稠度42毫米，直链淀粉含量24.8%。在缺中A群的情况下，对稻瘟病全群抗性频率为84.38%，其中对中B、中C群的抗性频率分别为44.44%和70.37%，阳江点田间发病较重；中感白叶枯病（5级）。

产量表现：1999、2000年两年早造参加省区试，亩产分别为524.1千克和536.1千克，1999年比对照组合汕优63增产10.94%，2000年比对照组合汕优63和培杂双七分别增产9.61%和9.50%，两年增产均达极显著水平。日产量3.97千克。

栽培要点：（1）疏播培育适龄壮秧，秧田亩播种量10千克左右，早造叶龄7～8片时移植。（2）合理密植，大田插植规格以20厘米×20厘米为宜，每科插2粒谷秧，亩插基本苗8万以上。（3）施足基肥，早施重施前期肥，适时适量施好促花肥、保花肥，前、中、后期氮肥施用可按70%∶25%∶5%施用，氮、磷、钾肥比例大致为1∶0.5∶0.7。（4）插后浅水促分蘖，够苗及时露晒田，中期湿润灌溉壮胎，浅水扬花，后期干湿交替，切忌过早断水。（5）重视防治稻瘟病。

制种要点：（1）隔离条件至少有500米的空间隔离或不少于25天的花期隔离。（2）广东秋季制种适宜始穗期可安排在9月20日前后，母本与第一期父本同时播种，第二期父本比母本迟4天播种。（3）合理密植，插足基本苗，争取亩有效穗父本6万～7万，母本17万～18万。（4）除使用高纯度原种外，在割叶前、见穗至齐穗期及收割前，均应对制种田进行严格除杂，收割、进仓等环节注意防止机械混杂。

省品审会意见：特优721为感温型三系杂交稻组合。早造全生育期与汕优63相同，丰产性突出，稻米外观品质为早造四级，中感白叶枯病。适宜我省粤北以外地区早造种植，栽培上要重视防治稻瘟病。符合广东省品种审定标准，审定通过。

118. 金优晚3

亲本来源：金23A（♀）晚3（♂）

选育单位：湖南省常德市农业科学研究所

品种类型：籼型三系杂交水稻

湖南杂交水稻研究中心用金23A与晚3恢复系配组而成的一个中熟优质的组合（龙和平等，1995）

2001年江西审定，编号：赣审稻2001014

2000年贵州审定，编号：黔品审220号

品种来源：该组合由湖南省常德市农科所用自育的不育系金23A与湖南省杂交水稻中心选育的早熟恢复系晚3配组而成；1994年贵州省种子总站引进，属于中籼早熟组合。

特征特性：生育期142天，比汕优64早熟4天，株高90厘米，有效穗20万/亩，穗粒数135粒，结实率80%，千粒重27.2克，分蘖力较强，株叶型较好，叶鞘、颖尖为紫色，粒长，无芒，外观米质好，抗寒性强，后期易倒伏。

产量表现：1994—1995年参加省区试，平均亩产574.5千克，比综合对照（V优64和汕优64平均值）增产9.73%。

栽培要点：适时播种，采用旱育秧或两段育秧培育壮秧；合理密植，亩栽2.0万穴，每穴栽2粒谷秧，基本苗6万～8万较适宜；施足基肥，早施分蘖肥；注意防治稻瘟病；适时收获。

适宜种植地区：可在我省海拔900～1400米的中高海拔水稻适宜地区种植，稻瘟病重发区慎用。

119. 秋优 1025

亲本来源：秋 A（♀）桂 1025（♂）

选育单位：广西农业科学院水稻研究所

品种类型：籼型三系杂交水稻

适种地区：广东和广西中南部、福建省南部及海南省白叶枯病轻发地区作双季晚稻种植

广西农科院杂交水稻研究中心用新育成的优质恢复系 1025 与优质不育系秋 A 配组而成的感光型优质高产杂交稻组合（胡昌，2003）

2003 年国家审定，编号：国审稻 2003010

特征特性：该品种属感光型晚籼三系杂交水稻组合。全生育期平均为 119 天，比对照博优 903 迟熟三天。株高 107.5 厘米，分蘖力强，株型集散适中，叶片直立不披垂，繁茂性好，后期耐寒，转色好，易落粒。每亩有效穗 19.9 万，穗长 21.8 厘米，平均每穗总粒数 157 粒，结实率 77.3%，千粒重 19 克。抗性：叶瘟 3 级（变幅 2 ～ 4），穗瘟 2 级（变幅 1 ～ 3），穗瘟损失率 5.2%，白叶枯病 9 级，褐飞虱 9 级。米质主要指标：整精米率 63.5%，长宽比 3.2，垩白率 24.5%，垩白度 4.6%，胶稠度 36.5 毫米，直链淀粉含量 21.3%，米质较优。

产量表现：2000 年参加华南晚籼组区试，平均亩产 467.97 千克，比对照博优 903（CK1）增产 0.3%，比粳籼 89（CK2）减产 0.74%；2001 年续试，平均亩产 492.29 千克，比对照博优 903 增产 12.43%，达极显著水平。2001 年参加生产试验，平均亩产 427.38 千克，比对照博优 903 增产 0.24%。

栽培要点：（1）适时早播。7 月初播种，注意培育多蘖壮秧苗，宜采用旱育稀植和旱育秧小苗抛栽技术，每亩大田用种量千克。（2）插足基本苗。每亩大田插 2 万～ 2.5 万穴，如采用抛秧，每亩大田不少于 50 盘秧。（3）施足基肥，早施分蘖肥。基肥亩施 400 ～ 500 千克农家肥，25 千克碳铵，25 千克磷肥，7 ～ 8 千克钾肥，插后 5 天施回青肥，亩施尿素 7 ～ 8 千克，钾肥 7 ～ 8 千克；分蘖肥亩施尿素 7 ～ 8 千克，后期看苗补肥。（4）科学管水，后期不宜断水过早。（5）防治病虫。要加强对白叶枯病及褐飞虱的防治。（6）该组合易落粒，成熟度达到 9 成熟时便开始收获。

制种要点：（1）秋优 1025 早晚两造均可制种，1025 早制总叶片数为 16.5 ～ 17.5 片叶，秋 A 约 13 ～ 14 片叶，适宜的叶龄差为 6.5 ～ 7 片叶；晚制父母本播差期 5 ～ 8 天。（2）秋 A 对九二 0 较敏感，制种时亩用量 6 ～ 8 克为宜，喷施时期要在抽穗 20% ～ 30% 时开始进行，过早或过量地喷施会降低秋 A 的异交结实率和制种产量。

国家品审会审定意见：经审核，该品种符合国家稻品种审定标准，通过审定。该品种属感光型晚籼三系杂交水稻组合，全生育期 119 天，较对照博优 903 迟熟 3 天，产量与对照相当，米质较优，中抗稻瘟病，不抗白叶枯病及褐飞虱。适宜在广东和广西中南部、福建省南部及海南省白叶枯病轻发地区作双季晚稻种植。

120. 四优 6 号

亲本来源：V41A（♀）IR26（♂）

选育单位：福建省农业科学院稻麦研究所

品种类型：籼型三系杂交水稻

1983 年安徽审定，编号：

121. 恒丰优华占

亲本来源：恒丰 A（♀）华占（♂）

选育单位：广东粤良种业有限公司；中国水稻研究所

完成人：刘康平；朱旭东；于洪波；陈耀武

品种类型：籼型三系杂交水稻

2019年国家审定，编号：国审稻20190074

申请者：广东粤良种业有限公司

育种者：广东粤良种业有限公司、中国水稻研究所

品种来源：恒丰A×华占

特征特性：籼型三系杂交水稻品种。在长江上游作一季中稻种植，全生育期149.1天，比对照F优498短0.9天。株高106.6厘米，穗长23.6厘米，每亩有效穗数17.1万穗，每穗总粒数198.4粒，结实率85.5%，千粒重25.6克。抗性：稻瘟病综合指数两年分别为3.4、3.9，穗颈瘟损失率最高级7级，褐飞虱9级，抽穗期耐热性3级，耐冷性7级；感稻瘟病，高感褐飞虱，抽穗期耐热性较强，耐冷性较弱。米质主要指标：整精米率58.0%，垩白粒率16%，垩白度1.4%，直链淀粉含量15.1%，胶稠度72毫米，长宽比3.4，达到农业行业《食用稻品种品质》标准三级。

产量表现：2017年参加长江上游中籼迟熟组水稻联合体区域试验，平均亩产650.3千克，比对照F优498增产6.6%；2018年续试，平均亩产617.1千克，比对照F优498增产4.3%；两年区域试验平均亩产633.7千克，比对照F优498增产5.4%；2018年生产试验，平均亩产631.8千克，比对照F优498增产7.9%。

栽培要点：（1）适时早播，培育多蘖壮秧。（2）秧龄35天以内，亩栽插1万～1.2万穴，每穴插2粒谷苗。（3）配方施肥，重底肥，早追肥，后期看苗补施穗粒肥，亩施纯氮10～12千克，氮、磷、钾肥合理搭配。（4）深水返青，浅水分蘖，够苗及时晒田，孕穗抽穗期保持浅水层，灌浆结实期干湿交替，后期切忌断水过早。（5）注意病虫害的防治，尤其注意防治稻瘟病。

审定意见：该品种符合国家稻品种审定标准，通过审定。适宜在四川省平坝丘陵稻区、贵州省（武陵山区除外）、云南省的中低海拔籼稻区、重庆市（武陵山区除外）海拔800米以下地区、陕西省南部稻作区的稻瘟病轻发区作一季中稻种植。稻瘟病重发区不宜种植。

122. 金优 284

亲本来源：金 23A（♀）华恢 284（♂）

选育单位：湖南亚华种业科学研究院

完成人：杨远柱

品种类型：籼型三系杂交水稻

适种地区：江西、湖南、浙江及湖北和安徽长江以南的稻瘟病轻发区作双季晚稻种植

2009 年陕西引种，编号：陕引稻 2009004 号

特征特性：属籼型三系杂交水稻。陕南引种试验全生育期 153 天。株型适中，剑叶挺直，茎秆粗壮。株高 98.5 厘米，亩有效穗 20.1 万，穗长 23.7 厘米，每穗总粒数 164.5，结实率 79.5%，千粒重 27.3 克。谷粒淡黄色，稃尖紫色，有顶芒。

经陕西省水稻所抗病鉴定：中感稻瘟病、白叶枯病、稻曲病；感纹枯病。

经农业部稻米及制品质量监督检验测试中心检测：整精米率 59.8%，长宽比 3.3，垩白粒率 14%，垩白度 1.9%，胶稠度 72 毫米，直链淀粉含量 21.9%，达到国家《优质稻米》标准 2 级。

栽培要点：（1）播种：陕南海拔 750 米以下稻区宜于 4 月 20 号左右播种，秧龄 45 ～ 55 天左右插植。（2）密度：亩植 1.2 万～ 1.3 万穴，每穴栽两粒谷苗，基本苗 18 万～ 10 万，亩有效穗 18 万～ 20 万左右为宜。（3）肥水管理：中等肥力土壤，采取重施基肥、早施追肥、后期看苗补施穗肥的施肥方法，亩施纯氮 1 千克，氮磷钾锌配方施肥。移栽后深水活棵，分蘖期干湿促分蘖，亩总苗数达到 25 万时落水晒田；孕穗期以湿为主，灌浆期以润为主，后期忌脱水过早。（4）病虫害防治：注意及时防治稻瘟病、纹枯病、螟虫、稻飞虱等病虫害。病害重发区禁止种植。

适宜地区及产量水平：陕南汉中、安康海拔 750 米以下稻瘟病轻发区种植。2008 年陕西省水稻引种试验平均亩产 562.2 千克。

123. 科优 21

亲本来源：湘菲 A（♀）湘恢 529（♂）

选育单位：湖南科裕隆种业有限公司

品种类型：籼型三系杂交水稻

适种地区：湖南省稻瘟病轻发的山丘区作中稻种植

湖南科裕隆种业有限公司用湘菲 A 与 T529 配组育成的三系迟熟中籼杂交水稻新组合（郑云舰，2009）。

2011 年贵州审定，编号：黔审稻 2011006 号

品种来源：湖南科裕隆种业有限公司用不育系湘菲 A 与恢复系湘恢 529 配组而成。

特征特性：迟熟籼型三系杂交稻。全生育期为 157.9 天，与对照Ⅱ优 838 相当。株高 119.1 厘米，株叶型适中，茎秆较粗壮；叶色浅绿，剑叶长而直立；叶鞘、叶缘无色。分蘖力中等，亩有效穗 13.6 万。穗型较大，穗实粒数为 165.7 粒，结实率 78.3%，千粒重 26.2 克。粒型较长、粒重较小，颖尖无色、无芒、后期转色好。2010 年经农业部食品质量监督检验测试中心（武汉）测试，米质主要指标为：整精米率 57.5%，垩白粒率 16%，垩白度 1.3%，直链淀粉含量 20.8%，胶稠度 60 毫米，粒型长宽比 2.8，透明度 1 级，达到国标 2 级。食味鉴评 66.6 分，优于对照Ⅱ优 838（60 分）。稻瘟病抗性鉴定为感病。耐冷性鉴定为中等。

产量表现：2009 年省区试迟熟 H 组初试平均亩产 617.56 千克，比对照Ⅱ优 838 增产 5.45%；2010 年省区试迟熟 E 组续试，平均亩产 520.35 千克，比对照Ⅱ优 838 减产 4.28%。省区试两年平均亩产 568.96 千克，比对照增产 0.77%。16 个试点 11 增 5 减，增产点次达 68.8%。2010 年省生产试验平均亩产 562.74 千克，比对照减产 0.65%，6 个试点 3 增 3 减，增产点次为 50%。

栽培要点：在贵州一季稻区做一季中稻种植，一般在 4 月上、中旬播种，每亩秧田播种量 12 千克，每亩大田用种量 1.5 千克，秧龄 30 天或主

茎叶片数达 5 ～ 6 叶时移栽，栽插规格为 20 厘米 ×30 厘米，每蔸插 2 粒谷，每亩插 1.5 万蔸，基本苗 6 万，底肥足，施肥早，后期禁施氮肥，及时晒田控苗，在分蘖盛期每亩施钾肥 15 千克，有利于壮秆壮籽，后期实行湿润灌溉，不要脱水太早，有利于结实灌浆。注意防治稻瘟病和其他病虫害。

适宜种植区域：贵州省中籼中迟熟稻区种植，稻瘟病常发区慎用。

124. T 优 180

亲本来源：T98A（♀）R180（♂）

选育单位：湖南农业大学

完成人：陈立云；唐文邦；刘国华；邓化冰；陈势

品种类型：籼型三系杂交水稻

适种地区：湖南省稻瘟病轻发区作双季晚稻种植

三系不育系 T98A 作母本，以湖南农业大学水稻所选育的优良恢复系 180 作父本配组育成的三系中熟杂交晚籼组合（唐文邦等，2006）

2005 年湖南审定，编号：湘审稻 2005029

特征特性：该品种属三系中熟偏迟杂交晚籼组合。在我省作双季晚稻栽培，全生育期 114 天左右。株高 106 厘米左右，株型较松散，叶鞘、稃尖无色，叶片较长且直立，叶下禾；分蘖力强，生长繁茂，较耐肥抗倒。省区试结果：每亩有效穗 19 万穗，每穗总粒数 118.19 粒，结实率 82.4%，千粒重 25.7 克；抗性鉴定：叶瘟 8 级，穗瘟 9 级，感稻瘟病，白叶枯病 7 级，耐寒性好；米质检测：糙米率 81.7%，精米率 72.3%，整精米率 61.8%，粒长 6.6 毫米、长宽比 2.9，垩白粒率 37%，垩白度 8.8%，透明度 1 级，碱消值 6.3 级，胶稠度 78 毫米，直链淀粉含量 21.8%，蛋白质含量 10.0%。

产量表现：2003 年省区试平均亩产 469.42 千克，比对照金优 207 增产 0.76%，不显著，日产 4.16 千克，比对照减产 0.09 千克；2004 年续试平均亩产 465.43 千克，比对照减产 0.33%，不显著，日产 4.16 千克，比对照低 0.06

千克；两年区试平均亩产467.43千克，比对照增产0.22%，日产4.16千克，比对照低0.08千克。

栽培要点：湘中6月22日左右播种，湘北、湘南可适当提前或推后2～3天播种。每亩秧田播种量10千克，每亩大田用种量1.5千克，秧龄30天以内，种植密度16厘米×19厘米。每蔸插2粒谷秧，每亩插足基本苗8万左右。施足基肥，追肥早而速，中期适当补，追肥以尿素为主，中后期切忌偏施氮肥。深水活蔸，浅水分蘖，有水壮苞抽穗，后期干湿交替，切忌生育后期脱水过早，后期注意防倒伏。加强对稻瘟病等病虫害防治。

审定意见：该品种达到审定标准，通过审定。适且在我省稻瘟病轻发区作双季晚稻种植。

125. T优111

亲本来源：T98A（♀）湘恢111（♂）

选育单位：湖南杂交水稻研究中心

完成人：颜应成

品种类型：籼型三系杂交水稻

适种地区：湖南省稻瘟病轻发区

2004年湖南审定，编号：湘审稻2004013

选育引进单位：湖南杂交水稻研究中心

品种来源：T98A/Y111

特征特性：该品种属三系杂交迟熟晚籼稻。在我省作双季晚稻栽培，全生育期123天左右，比威优46长2天。株高108厘米左右，株型松紧适中，茎秆较硬。叶色较浓，剑叶直立，叶鞘、稃尖绿色，分蘖力较强，成穗率高，落色好。湖南省区试结果：亩有效穗19.1万穗，每穗总粒数126.4粒，结实率79.6%，千粒重26克。抗性：叶瘟7级，穗瘟7级，白叶枯病5级。耐寒性中等偏强。米质：糙米率84%，精米率70.6%，整精米率65.8%，垩白粒率78.5%，垩白大小30.5%，长宽比2.7。

产量表现：2002年湖南省区试平均亩产量488.1千克，比对照威优46增产2.82%，不显著；2003年湖南省区试平均亩产量485.7千克，比对照威优46增产0.67%，不显著。2年湖南省区试平均亩产量486.9千克，比威优46增产1.77%。

栽培要点：在我省作双季晚稻栽培应在6月15日左右播种，7月20日前移栽，秧龄期不超过35天。株行距13.3厘米×23.3厘米，每亩插基本苗8万～10万苗。及时搞好病虫防治。

适宜地区：该品种适宜在湖南省稻瘟病轻发区作双季晚稻种植。

126. 威优207

亲本来源：威20A（♀）先恢207（♂）

选育单位：湖南杂交水稻研究中心

完成人：王三良

品种类型：籼型三系杂交水稻

适种地区：湖南

2001年广西审定，编号：桂审稻2001102号

品种来源：湖南杂交水稻研究中心用V2097A与父本207R配组而成的感温型中熟组合。桂林市种子公司于1996年引进。

报审单位：桂林市种子公司

特征特性：桂北种植全生育期早造122天左右，晚造108～112天，株叶型集散适中，叶片挺直，叶色浓绿，分蘖力较强，后期青枝腊秆，熟色好，株高100厘米左右，亩有效穗18万～20万，每穗总粒数120粒左右，结实率85%左右，千粒重30克。田间种植表现较抗稻瘟病。

产量表现：1997—1998年参加桂林市区试，其中1997年早造平均亩产476.4千克，比对照威优64增产9.9%；1998年早、晚造平均亩产分别为418.0千克和451.1千克，比对照威优64增产6.7%和8.2%。1997—2001年桂林市累计种植面积10万亩左右，一般亩产480千克左右。

栽培要点：注意种子消毒，防治秧苗恶苗病。其他参照威优 64 进行。

制种要点：（1）桂北早制父母叶龄差为 7.1 叶左右，晚制时差 24 天。（2）亩喷施“九二〇”13 ～ 16 克，见穗 5% 左右始喷。（3）注意防治黑粉病。

自治区品审会意见：经审核，桂林市农作物品种评审小组评审通过的威优 207，符合广西水稻品种审定标准，通过审定，可在桂北作早、晚稻推广种植。

127. 博优 1025

亲本来源：博 A（♀）桂 1025（♂）

选育单位：广西农业科学院水稻研究所

品种类型：籼型三系杂交水稻

适种地区：海南、广西中南部、广东中南部、福建南双季稻白叶枯病轻发区作晚稻种植

2003 年国家审定，编号：国审稻 2003039

特征特性：该品种属籼型三系杂交水稻，在华南作双季晚稻种植，全生育期平均 115.9 天，比对照博优 903 早熟 0.2 天。株高 101.6 厘米，分蘖力强，株型集散适中，叶片直立不披垂，穗粒较协调，有包颈现象。每亩有效穗数 20.1 万穗，穗长 21.3 厘米，每穗总粒数 138.3 粒，结实率 85.6%，千粒重 21.6 克。抗性：叶瘟 6 级，穗瘟 7 级，穗瘟损失率 37.6%，白叶枯病 9 级，褐飞虱 9 级。米质主要指标：整精米率 66.2%，长宽比 2.8，垩白米率 37%，垩白度 6.4%，胶稠度 43 毫米，直链淀粉含量 20%。

产量表现：2000 年参加华南晚籼组区域试验，平均亩产 488.7 千克，分别比博优 903、粳籼 89 增产 4.75%（极显著）、3.66%（极显著）；2001 年续试，平均亩产 492.3 千克，比对照博优 903 增产 12.43%（极显著）。2002 年生产试验平均亩产 478.6 千克，比对照博优 903 减产 0.82%。

栽培要点：（1）适时播种：一般 6 月底至 7 月初播种，宜采用旱育稀植或

旱育秧小苗抛栽技术，秧龄25天左右。（2）合理密植：每亩插2万～2.5万穴，6万～7万株基本苗。抛秧每亩大田不少于50盘秧苗。（3）肥水管理：亩施农家肥500千克，碳铵25千克，磷肥25千克。栽插后3～5天施返青肥，每亩施尿素7.5千克，插后10～12天亩施分蘖肥尿素7.5千克，钾肥7.5千克。水浆管理注意后期不宜断水过早。（4）防治病虫：注意防治稻瘟病、白叶枯病以及稻飞虱等病虫的危害。

国家品审会意见：经审核，该品种符合国家稻品种审定标准，通过审定。该品种感稻瘟病，高感白叶枯病和褐飞虱。加工品质和蒸煮品质较好，外观品质中等偏上。适宜在海南、广西中南部、广东中南部、福建南双季稻白叶枯病轻发区作晚稻种植。

128. 博优96

亲本来源：博A（♀）R96（♂）

选育单位：广东省农业科学院水稻研究所

品种类型：籼型三系杂交水稻

适种地区：广东省中南部地区作晚造种植

1998年广东审定，编号：粤审稻1998007

特征特性：弱感光型晚稻杂交稻组合。全生育期晚造118～121天，比汕优3550早熟2～3天，株高98厘米左右，每穗总粒数118～137粒，结实率82.96%～88.02%，千粒重23.3克。稻米外观品质为晚造三级，整精米率60.2%，垩白率70.5%，直链淀粉含量24.5%，胶稠度32毫米。高抗稻瘟病，全群抗性比96%，其中中C群95.56%，白叶枯病7级。

产量表现：1991、1992年两年晚造参加省区试，平均亩产分别为440.56千克和451.42千克，比对照组合汕优3550增产2.62%和减产3.8%，增减产均不显著。

栽培要点：（1）播种期以7月5～10日为宜，秧龄控制在25天以内，秧田亩播种量10～12千克。（2）施肥上宜采用前重、中补、后轻原则，

前期施肥应占总施量的2/3左右。（3）中期晒田不宜过重，后期保持湿润，以利灌浆及籽粒饱满。（4）制种父母本错期短，播差期叶龄3.8～4.2为宜。

129. T优300

亲本来源：T98A（♀）R300（♂）

选育单位：湖南杂交水稻研究中心

完成人：邓小林

品种类型：籼型三系杂交水稻

适种地区：重庆海拔800米以下地区；湖南300～700米山区以及云南红河州内地海拔1400米以下、边疆1350米以下的地区

国家杂交水稻工程技术研究中心用自育不育系T98A与恢复系R300配组育成的中迟熟三系杂交中稻组合（龚太伦等，2006）。

2012年云南普洱、文山审定，编号：滇特（普洱、文山）审稻2012003号

申请单位：湖南隆平种业有限公司

选育单位：湖南杂交水稻研究中心

品种来源：于1999年用“T98A”与“R527”杂交组配而成的籼型杂交水稻品种。

特征特性：籼型杂交水稻。（普洱）平均生育期168天，株高98.9厘米，亩有效穗20.0万，穗长24.0厘米，穗总粒163.1粒，穗实粒125.4粒，结实率76.9%，千粒重29.0克。（文山）平均生育期144.7天，株高115.4厘米，穗长26.1厘米，穗粒数170.0粒，穗实粒134.0粒，结实率78.8%，千粒重30.0克，亩有效穗18.1万，成穗率64.2%。品质检测：出糙率77.4%，精米率62.1%，整精米率54.3%，垩白粒率16%，垩白度2.4%，透明度1级，碱消值3.5级，胶稠度60毫米，直链淀粉含量21.2%，粒长7.3毫米，粒型（长宽比）3.0，品质达国家优质稻谷标准二级。抗性鉴定：抗稻瘟病，感白叶枯病。

产量表现：（普洱）2010—2011 年两年普洱市杂交水稻区试，平均亩产 635.0 千克，比对照汕优 63 增产 7.0%。2011 年普洱市杂交水稻生产试验，平均亩产 638.8 千克，比对照汕优 63 增产 21.0%。（文山）2010—2011 年两年文山州杂交水稻区试平均亩产 701.0 千克，比对照Ⅱ优 838 增产 11.6%，增产点率 90.9%。2011 年文山州杂交水稻生产试验平均亩产 629.3 千克，比对照Ⅱ优 838 增产 8.4%，增产点率 80%。

适宜区域：普洱市海拔 1350 米以下、文山州海拔 600 ～ 1350 米杂交水稻生产适宜区域种植。

130. 博优 175

亲本来源：博 A（♀）玉恢 175（♂）

选育单位：广西玉林地区农科所

品种类型：籼型三系杂交水稻

玉林市农科所利用博 A 不育系与自选玉 175 恢复系配组育成（容林熙，1998）

1997 年广西审定，编号：桂审证字第 134 号

申请者：玉林地区农科所

育种者：玉林地区农科所

品种来源：博优 175 系玉林地区农科所于 1990 年用博 A 作母本与恢复系 175 作父本配组而成的感光型组合。

特征特性：该组合株高 100 厘米左右，全生育期 123 天，亩有效穗 16.8 万，成穗率 60.50％，每穗总粒 137 粒，结实率 77.70％，千粒重 25.5 克，叶片厚直，耐肥抗倒。蛋白质含量 8.39％，直链淀粉含量 22.78％，胶稠度中等，白叶枯病 5 级，穗颈瘟 9 级，易感细条病。

产量表现：该组合 1991—1992 年晚造参加玉林地区区试，8 个试点平均亩产 461.4 千克和 512.89 千克，比对照博优 64 增产 3.4％和 4.05％；连续两年名列第一。1992—1993 年晚造参加广西桂南稻作区区试，10 个和 11 个试点平

均亩产 473.2 千克和 448.05 千克，分别比对照博优 64 增产 1.85%和 0.5%，名列第一和第二名。1993 年晚稻北流市试种 45 万亩，验收隆盛镇周惠英户 1.16 亩，平均亩产 665.6 千克，1994 年晚稻平南县环城镇试种 1.4 万亩，验收平均亩产 412.25 千克，比博优桂 99 增产 7.07%。据统计，博优 175 自 1991—1996 年累计试种面积达 300 万亩，产量较好。

栽培要点：（1）适宜播种期：宜在 7 月 5 日前播完种。（2）特别注意防治稻瘟病。（3）其他栽培技术参照博优桂 99 进行。

制种要点：（1）播差期：父母本播错期为 7 ～ 7.5 片叶。（2）父本对“九二 O”比较钝感，要单喷“九二 O”。（3）其他技术参照博优桂 99 进行。

131. 特优 627

亲本来源：龙特甫 A（♀）亚恢 627（♂）

选育单位：宁德市农业科学研究所

完成人：陈若平

品种类型：籼型三系杂交水稻

适种地区：福建省

2000 年冬季在海南与龙特甫 A 试制组合（陈若平等，2008）

2005 年福建审定，编号：闽审稻 2005010

特征特性：省区试两年平均全生育期 140.14 天，比对照汕优 63 迟熟 0.2 天。群体整齐，分蘖力较强，结实率高，粒重大，熟期转色好。株高 120.3 厘米，每亩有效穗 16.27 万，穗长 24.0 厘米，每穗总粒数 161.3 粒，结实率 88.51%，千粒重 29.9 克。两年抗稻瘟病鉴定综合评价为抗（R）稻瘟病。米质经检测，糙米率 80.6%，精米率 76.3%，整精米率 60.7%，粒长 6.5 毫米，长宽比 2.7，垩白率 98%，垩白度 31.4%，透明度 1 级，糊化温度 7 级，胶稠度 34 毫米，直链淀粉含量 24.3%，蛋白质含量 6.8%。

产量表现：2003 年参加省中稻组区试，平均亩产 620.21 千克，比对照汕

优63增产11.27%，达极显著水平。2004年续试，平均亩产568.43千克，比对照汕优63增产8.56%，达极显著水平。2004年生产试验平均亩产611.23千克，比对照汕优63增产11.85%。

栽培要点：作中稻种植，播种期安排在4月中下旬，秧龄控制在35天以内。大田亩插1.67万丛，丛插2粒谷秧，在施肥上应掌握重施基肥，早施分蘖肥，增施磷钾肥，酌情施穗肥。水浆管理上注意浅水促蘖，移苗烤田，苗旺重烤，后期干湿交替。及时防治病虫害，抽穗期注意螟虫的防治。

省品审会审定意见：特优627属中籼三系杂交水稻组合，作中稻种植全生育期140天左右，与对照汕优63相当，分蘖力较强，结实率高，粒重大，熟期转色好，丰产性好，抗稻瘟病。适宜福建省作中稻种植。经审核，符合福建省品种审定规定，通过审定。

132. T优272

亲本来源：T98A（♀）华恢272（♂）

选育单位：湖南亚华种业科学研究院

完成人：杨远柱

品种类型：籼型三系杂交水稻

适种地区：湖南、浙江、湖北、安徽、陕南

湖南亚华种业科学院用T98A与华恢272配组育成的三系杂交水稻组合（成和平等，2011）

2009年贵州审定，编号：黔审稻2009009号

特征特性：早熟籼型三系杂交稻。全生育期为157.2天，与对照金优207相当。株高94.4厘米，株叶形较紧凑，茎秆粗壮坚韧，繁茂性好。后三叶长而挺直；分蘖力较强，亩有效穗16.6万。穗型中等，穗实粒数为143.7粒，结实率82.4%，千粒重27.6克。籽粒长粒型，稃尖无色，部分有芒。2008年经农业部食品质量监督检验测试中心（武汉）测试，米质主要指标为：出糙率77.6%，精米率70.8%，整精米率68.4%，垩白粒率29%，垩白度2.6%，粒长

7.0毫米，长宽比3.0，胶稠度59毫米，直链淀粉含量19%，碱消值5.5级，透明度2级，理化指标达国标三级优质稻谷标准；食味鉴评81.6分，优于对照金优207（80分）。稻瘟病抗性鉴定为感。耐冷性鉴定为较强。

产量表现：省区试两年平均亩产615.74千克，比对照增产8.26%。16个试点中13增3减，增产点次达81.25%。2008年生产试验平均亩产554.96千克，比对照增产1.26%，4个试点中2增2减，增产点达50%。

栽培要点：（1）适时播种，培育壮秧：一般4月中下旬播种，秧田播种量每亩10千克，大田用种量每亩1.5千克，稀播匀播。播种时每千克种子拌2克多效唑，增加低位分蘖，培育分蘖壮秧。（2）适龄移栽，插足基本苗：一般移栽叶龄5.5叶左右，秧龄30天左右。适当密植，插植规格16.5厘米×23厘米或16.5厘米×26厘米为佳，每蔸插2粒谷秧，每亩插足基本苗8万以上（含分蘖）。（3）合理施肥，科学管水：中等肥力土壤，一般亩施纯氮11千克，五氧化二磷5.6千克、氧化钾6.5千克。采取重施底肥，早施追肥，后期看苗补施穗肥的施肥方法，即耙田时亩施25%水稻专用复混肥35千克，栽后5～7天追施尿素7.5千克，分蘖盛期亩施氯化钾5～7千克，孕穗期看苗每亩补施穗肥3～5千克。移栽后深水活蔸，分蘖期干湿相间促分蘖，当总苗数达到25万时，及时落水晒田，孕穗期以湿为主，保持田面有浅水，灌浆期以润为主，干干湿湿壮籽，保持根系活力，忌脱水过早，以防早衰和影响米质。（4）病虫防治：坚持强氯精浸种，预防恶苗病发生。大田期根据病虫预报，及时施药防治二化螟、稻纵卷叶螟、稻飞虱、纹枯病等病虫害，要注意防治稻瘟病。

适宜种植区域：贵州省中籼早熟稻区种植，稻瘟病常发区慎用。

133. 汕优85

亲本来源：珍汕97A（♀）台8—5（♂）

选育单位：中国水稻研究所

品种类型：籼型三系杂交水稻

适种地区：浙江中部和南部地区作双季晚稻和山区作单季晚稻种植珍汕97A× 台 8—5（王家玉等，1988）

1988 年浙江审定，编号：浙品审字第 043 号

特征特性：汕优 85 是用珍汕 97A 与籼粳杂交育成的籼糯恢复系“台 8-5”配组而成，属中籼型杂交晚稻组合。株高一般为 97.5 厘米，分蘖中等，全生育期 132 天，比汕优 6 号早 1 ～ 2 天，茎秆粗韧，不易倒伏。每亩有效穗 19 万～ 20 万，穗长 23.1 厘米，每穗总粒数为 119 粒左右，千粒重 26 ～ 27 克。后期耐寒性强，冠层叶片不易早衰，青秆黄熟，米质较优，根系发达，耐瘠性强，较省肥，较抗稻瘟病和抗白叶枯病。

产量表现：1984—1986 年参加浙江省区试，平均亩产分别为 434.95 千克、450.25 千克和 442.31 千克，比对照汕优 6 号减产 2.2%、增产 1.3% 和 3.95%。

134. 兆优 5431

亲本来源：兆 A（♀）R5431（♂）

选育单位：深圳市兆农农业科技有限公司

完成人：武小金；陈灿；黄学军；张明驹；李青云

品种类型：籼型三系杂交水稻

2021 年国家审定，编号：国审稻 20210059

申请者：安陆市兆农育种创新中心

育种者：安陆市兆农育种创新中心、深圳市兆农农业科技有限公司

品种来源：兆 A×R5431

特征特性：籼型三系杂交水稻品种。在长江上游作一季中稻种植，全生育期 154.6 天，比对照 F 优 498 晚熟 4.9 天。株高 113.7 厘米，穗长 26.0 厘米，每亩有效穗数 15.6 万穗，每穗总粒数 192.2 粒，结实率 82.7%，千粒重 26.5 克。抗性：稻瘟病综合指数两年分别为 4.6、4.7，穗颈瘟损失率最高级 5 级，褐飞虱 9 级，高感褐飞虱，中感稻瘟病，抽穗期耐热性一般，耐冷性一般。

米质主要指标：整精米率55.4%，垩白度0.1%，直链淀粉含量15.4%，胶稠度75毫米，碱消值6级，长宽比3.2，达到农业行业《食用稻品种品质》标准二级。

产量表现：2018年参加长江上游中籼迟熟组联合体区域试验，平均亩产591.49千克，比对照F优498减产4.19%；2019年续试，平均亩产606.30千克，比对照F优498减产1.82%；两年区域试验平均亩产598.89千克，比对照F优498减产2.29%；2020年生产试验，平均亩产628.71千克，比对照F优498增产3.35%。

栽培要点：（1）适时播种，培育壮秧，大田亩用种量1.0千克；播种前强氯精浸种。（2）秧龄28天左右或秧苗5～6叶移栽，栽插株行距6寸×8寸，每穴栽插2粒谷苗。（3）肥水管理，施足基肥，一般亩施45%复合肥40千克，插秧后5～7天结合除草剂亩追施尿素10千克，幼穗分化3～4期亩追施复合肥5～7.5千克、齐穗后看苗补施粒肥。（4）前期浅水促分蘖，够苗及时落水晒田，有水孕穗，湿润灌浆，后期不要断水过早。（5）及时防治稻瘟病、纹枯病、螟虫、稻飞虱等病虫害，尤其注意防治稻瘟病。

审定意见：该品种符合国家稻品种审定标准，通过审定。适宜在四川省平坝丘陵稻区、贵州省（武陵山区除外）、云南省的中低海拔籼稻区、重庆市（武陵山区除外）海拔800米以下地区、陕西省南部稻区稻瘟病轻发区作一季中稻种植。

135. T优259

亲本来源：T98A（♀）R259（♂）

选育单位：湖南农业大学水稻科学研究所

品种类型：籼型三系杂交水稻

适种地区：湖南省稻瘟病轻发区作双季晚稻种植

1999年，用国家杂交水稻工程技术研究中心选育的优质不育系T98A与湖南农业大学选育的优质恢复系R259配组育成（严钦泉和朱旭东，2004）

2003年湖南审定，编号：XS010-2003

特征特性：株高105厘米，株型较紧凑，茎秆粗细中等，叶鞘无色，剑叶直立、色绿，剑叶长38厘米、宽1.9厘米，属叶下禾，成熟时落色好。分蘖力中等，单株分蘖11～13个，单株成穗8～9个，群体成穗率70%，每亩有效穗18万。穗长24厘米，每穗总粒数131粒，结实率83.9%。全生育期114天，比威优77长3～4天，属中熟晚籼类型。经省区试抗病性鉴定：叶稻瘟7级，穗稻瘟7级，白叶枯病5级。

品质产量：出糙率81.6%，精米率73.3%，整精米率57.2%；精米长6.7毫米，长宽比3.0，垩白粒率19.0%，垩白度3.4%，透明度2级；碱消值5.1级，胶稠度76毫米，直链淀粉含量21.5%；蛋白质含量9.1%，谷长粒型，长宽比3.1。2002年评为省三等优质稻组合。两年省区试平均亩产489.9千克，比对照威优77高3.0%。

栽培要点：（1）播种。连晚栽培湘中6月23日、湘南6月26日、湘北6月19日播种，每亩大田用种1.5千克。（2）移栽。秧龄30天，移栽密度5寸×6寸或6寸×6寸，每亩插足8万～10万基本苗。（3）肥水管理。以基肥和有机肥或复合肥为主，早施追肥，中后期控施氮肥，注意防倒，在返青、孕穗抽穗期保持水层，其他时期以湿润为主。（4）病虫防治。注意穗颈稻瘟和螟虫及飞虱的防治。

适宜范围：适宜在湖南省稻瘟病轻发区作双季晚稻种植。

136. 特优253

亲本来源：龙特甫A（♀）测253（♂）

选育单位：广西大学支农开发中心

品种类型：籼型三系杂交水稻

2001年广西审定，编号：桂审稻2001030号

品种来源：广西大学支农开发中心利用龙特甫A与自选的恢复系测253配组而成的感温型迟熟组合。

报审单位：广西壮族自治区种子公司、岑溪市种子公司

特征特性：桂南早造种植全生育期128天左右，晚造118天，株型集散适中，株高114厘米左右，分蘖力中等，茎秆粗壮，耐肥抗倒性强，后期青枝腊秆，熟色好，田间种植表现较抗稻瘟病，但主蘖穗有差异，欠整齐，亩有效穗16万～18万穗，每穗总粒125～135粒，结实率85%～90%，千粒重27～28克，米质中等，外观及米饭软度、味道较特优63好。

产量表现：1999年晚造、2000—2001年早造连续三造参加岑溪市杂交水稻新组合品比试验，折亩产分别为404.4千克、570.0千克、502.8千克，比特优63增产1.9%、3.6%和3.3%。同期，在岑溪、罗城、龙州等地进行试种示范，一般亩产450～550千克。1999—2001年全区累计种植面积11万多亩。

栽培要点：参照特优63进行。

制种要点：（1）选用特A原种并安排在夏秋季进行制种，父母本播种时差为2～3天。（2）父母本行比以2∶14为宜。（3）母本始穗10%时始喷，亩用量12克，分三次喷施。

自治区品审会意见：经审核，该组合具有丰产、田间综合抗性较好等特点，符合广西水稻品种审定标准，通过审定，可在桂南作早、晚稻推广种植，也可在中稻地区推广种植。

137. 汕优78

亲本来源：珍汕97A（♀）明恢78（♂）

选育单位：三明市农业科学研究所

品种类型：籼型三系杂交水稻

1994年福建审定，编号：闽审稻1994002

特征特性：系福建省三明市农科所以珍汕97A与明恢78配组育成，明恢78来自明恢67×IR26后代。该组合1991、1992年参加省杂交晚稻区试，亩产分别为427.2千克和411.28千克，比对照汕优63减少1.84%和0.36%，不显著，大田生产一般亩产500千克左右。该组合全生育期130天左右，株高

90～95 厘米，分蘖力强。轻感叶瘟，中抗穗颈瘟。福建省各地均可种植。

138. 湘优 66

亲本来源：湘菲 A（♀）湘恢 66（♂）

选育单位：湖南科裕隆种业有限公司

品种类型：籼型三系杂交水稻

适种地区：江西、湖南、浙江稻瘟病、白叶枯病轻发的双季稻区作晚稻种植。

2008 年国家审定，编号：国审稻 2008015

特征特性：该品种属籼型三系杂交水稻。在长江中下游作双季晚稻种植，全生育期平均 113.4 天，比对照金优 207 长 2.9 天，遇低温有轻度包颈。株型适中，叶片较宽长，每亩有效穗数 19.8 万穗，株高 106.4 厘米，穗长 24.3 厘米，每穗总粒数 145.0 粒，结实率 73.1%，千粒重 26.0 克。抗性：稻瘟病综合指数 5.3 级，穗瘟损失率最高 9 级，抗性频率 50%；白叶枯病平均 6 级，最高 7 级；褐飞虱 9 级。米质主要指标：整精米率 66.2%，长宽比 3.5，垩白粒率 21%，垩白度 2.4%，胶稠度 79 毫米，直链淀粉含量 24.0%，达到国家《优质稻谷》标准 3 级。

产量表现：2006 年参加长江中下游早熟晚籼组品种区域试验，平均亩产 507.9 千克，比对照金优 207 增产 8.59%（极显著）；2007 年续试，平均亩产 493.7 千克，比对照金优 207 增产 3.25%（极显著）；两年区域试验平均亩产 500.8 千克，比对照金优 207 增产 5.89%，增产点比例 70.8%。2007 年生产试验，平均亩产 510.2 千克，与对照金优 207 相同。

栽培要点：（1）育秧：适时播种，秧田每亩播种量 10 千克，大田每亩用种量 1.5 千克，培育多蘖壮秧。（2）移栽：适时早栽，合理密植，插足基本苗，一般栽插密度为 16.7 厘米 ×20 厘米，每穴栽插 2 粒谷苗。（3）肥水管理：合理施肥，一般氮、磷、钾比例为 1 ∶ 0.5 ∶ 0.7，每亩施纯氮控制在 10 千克为宜，基肥占总施肥量的 70%，追肥占总施肥量的 30%，追肥在插秧后

15天内施完。后期切忌断水过早。（4）病虫防治：注意及时防治稻瘟病、白叶枯病、褐飞虱等病虫害。

审定意见：该品种符合国家稻品种审定标准，通过审定。熟期适中，产量高，高感稻瘟病，感白叶枯病，高感褐飞虱，米质优。适宜在江西、湖南、浙江稻瘟病、白叶枯病轻发的双季稻区作晚稻种植。

139. 博优210

亲本来源：博A（♀）R210（♂）

选育单位：中国科学院华南植物研究所

品种类型：籼型三系杂交水稻

适种地区：广东省中南部地区晚造种植

1995年广东审定，编号：粤审稻1995001

特征特性：弱感光晚型杂交稻组合。全生育期118天，比博优64早熟2天。株高88.8厘米，株叶形态好，分蘖力中等，亩有效穗19.5万，每穗总粒数120.1粒，结实率81%，千粒重21.9克，耐寒性中等，后期熟色好，不耐肥，高肥易倒伏。稻米外观品质为晚造特二级至一级，糙米率80.3%～81.24%，精米率74.6%～75.24%，整精米率69.6%～71.39%，直链淀粉含量24.49%，蛋白质含量9.31%。高抗稻瘟病，全群抗性比96%，白叶枯病3级，为中抗。

产量表现：1993、1994年两年晚造参加省区试，亩产分别为415.13千克、402.14千克，比对照组合博优64增产1%和1.84%，增产均不显著。

适宜范围：适宜我省中南部地区晚造种植。

栽培要点：（1）疏播育分蘖壮秧，插足基本苗。（2）早施足施分蘖肥，后期施肥要慎重，肥田尤其要注意，以免倒伏。（3）后期不宜断水过早。

140. 广8优金占

亲本来源：广8A（♀）金占（♂）

选育单位：广东省金稻种业有限公司；广东省农业科学院水稻研究所

品种类型：籼型三系杂交水稻

2014年广东审定，编号：粤审稻2014031

选育单位：广东省金稻种业有限公司、广东省农业科学院水稻研究所

品种来源：广8A×金占

特征特性：感温型三系杂交稻组合。晚造平均全生育期114～115天，比对照种深优97125长3～4天。株型中集，分蘖力中等，穗长粒多，抗倒力中强，耐寒性中强（孕穗期和开花期均为中强）。株高104.5～105.4厘米，亩有效穗17.6万～18.0万，穗长23.0～23.1厘米，每穗总粒数152～153粒，结实率80.9%～82.0%，千粒重22.9～23.7克。米质鉴定为国标优质3级和省标优质2级，整精米率53.7%～59.6%，垩白粒率3%～13%，垩白度0.8%～3.4%，直链淀粉含量15.1%～17.0%，胶稠度52～78毫米，长宽比3.5～3.7，食味品质85分。抗稻瘟病，全群抗性频率93.5%～93.62%，对中B群、中C群的抗性频率分别为87.5%和100%，病圃鉴定叶瘟1.8～2.0级、穗瘟3.0～3.5级；感白叶枯病（Ⅳ型菌3～7级，Ⅴ型7级）。

产量表现：2012、2013年晚造参加省区试，平均亩产分别为477.26千克和468.76千克，比对照种深优97125分别增产9.33%和9.18%，2012年增产达显著水平，2013年增产达极显著水平。2013年晚造参加省生产试验，平均亩产456.60千克，比对照种深优97125增产6.26%。日产量4.11～4.15千克。

栽培要点：注意防治白叶枯病。

省品审会审定意见：广8优金占为感温型三系杂交稻组合。晚造全生育期比对照种深优97125长3～4天。丰产性好，米质鉴定为国标优质3级和省标优质2级，抗稻瘟病，感白叶枯病，耐寒性中强。适宜我省粤北稻作区和中北

稻作区早、晚造种植。栽培上要注意防治白叶枯病。

141. 鄂籼杂 1 号

亲本来源：珍汕 97A（♀）092—8—8（♂）

选育单位：湖北省荆州市种子总公司

完成人：胡旭；胡培中；段洪波；徐国华；王明涛；涂志杰；潘元祥；张宇飞

品种类型：籼型三系杂交水稻

湖北省荆州市种子公司于 1991 年用自选恢复系 092-8-8 与珍汕 97A 配组育成的籼型杂交水稻组合（胡旭等，1996；易定国等，1998）

1996 年湖北审定，编号：鄂审稻 001-1996

品种来源：荆州市种子总公司用珍汕 97A 作母本与 092-8-8 为恢复系组配而成

特征特性：株型适中，株高 90 ～ 95 厘米，茎秆坚韧。每穗总粒数 120 粒左右，实粒数 90 粒左右，结实率高。千粒重 27 克。分蘖能力强，灌浆速度快，熟相好，后期耐寒抗倒，再生能力强。作双晚全生育期 120 天左右，作再生稻头季 125 ～ 128 天，再生季 56 ～ 60 天。抗性鉴定为感白叶枯病、感稻瘟病。米质经农业部食品质量监督检验测试中心测定，糙米率 82.12%，精米率 73.91%，整米率 62.61%，米粒中长，长宽比 2.4，垩白 3 级，垩白率 54.5%，直链淀粉含量 22.67%，胶稠度 39 毫米，蛋白质含量 8.84%，属部颁二级优质米。

产量表现：两年区域试验平均亩产 490.34 千克，比对照汕优 64 增产 12%，居第一位。其中 1994 年增产 9.36%；1995 年增产 14.69%，两年增产均极显著。

142. 广 8 优 169

亲本来源：广 8A（♀）GR169（♂）

选育单位：广东省农业科学院水稻研究所

品种类型：籼型三系杂交水稻

2012 年广东审定，编号：粤审稻 2012008

选育单位：广东省农业科学院水稻研究所

品种来源：广 8A/GR169

特征特性：弱感光型三系杂交稻组合。晚造平均全生育期 115 ～ 117 天，比对照种博优 998 长 2 天。株型中集，分蘖力中强，抗倒力强，耐寒性中。株高 103.8 ～ 109.4 厘米，亩有效穗 17.4 万～ 18.9 万，穗长 21.8 ～ 22.1 厘米，每穗总粒数 144 ～ 145 粒，结实率 83.0% ～ 83.3%，千粒重 22.1 ～ 22.9 克。米质鉴定为省标优质 3 级，整精米率 70.5% ～ 73.5%，垩白粒率 23% ～ 26%，垩白度 7.5% ～ 8.9%，直链淀粉含量 15.4% ～ 16.4%，胶稠度 80 ～ 86 毫米，长宽比 3.7 ～ 3.9，食味品质分 76 ～ 80。抗稻瘟病，全群抗性频率 88.24% ～ 88.5%，对中 B 群、中 C 群的抗性频率分别为 84.4% ～ 84.62% 和 88.89% ～ 95.8%，病圃鉴定叶瘟 2.0 ～ 2.25 级、穗瘟 1.5 ～ 3.0 级；中抗白叶枯病（Ⅳ型菌 3 级，Ⅴ型 7 级）。

产量表现：2009、2010 年晚造参加省区试，平均亩产分别为 429.13 千克和 430.60 千克，比对照种博优 998 分别增产 0.28% 和 5.73%，2009 年增产不显著，2010 年增产达显著水平。2010 年晚造参加省生产试验，平均亩产 421.31 千克，比对照种博优 998 增产 3.31%。日产量 3.68 ～ 3.76 千克。

栽培要点：按常规栽培管理。

制种要点：在海南冬春季制种，第一期父本比母本早播 7 天，第二期父本与母本同期播种。

省品审会审定意见：广 8 优 169 为弱感光型三系杂交稻组合。晚造全生育期比对照种博优 998 长 2 天。丰产性较好，米质鉴定为省标优质 3 级，抗稻瘟

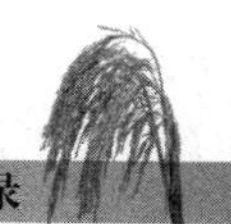

病，中抗白叶枯病，耐寒性中等。适宜我省粤北以外稻作区晚造种植。

143. 天丰优 316

亲本来源：天丰 A（♀）汕恢 316（♂）

选育单位：汕头市农业科学研究所；广东省农业科学院水稻研究所

品种类型：籼型三系杂交水稻

适种地区：广西中北部、广东北部、福建中北部、江西中南部、湖南中南部、浙江南部

汕头市农科所用广东省农科院水稻所育成的不育系天丰 A 与自育恢复系汕恢 316 组配育成（黄广平等，2006）

2013 年福建漳州审定，编号：闽审稻 2013E01（漳州）

选育单位：汕头市农科所、广东省农业科学院水稻研究所

引进单位：漳州市星月农业种植有限公司、福建省漳州市种子公司

品种来源：天丰 A× 汕恢 316

特征特性：全生育期两年区试平均 141.4 天，比对照华优桂 99 迟熟 2.5 天。群体整齐，植株较高，后期转色好。每亩有效穗数 17.2 万，株高 114.2 厘米，穗长 22.9 厘米，每穗总粒数 154.7 粒，结实率 85.65%，千粒重 24.6 克。经漳州市两年稻瘟病抗性田间自然诱发鉴定为中抗稻瘟病。米质检测结果：糙米率 80.9%，精米率 72.1%，整精米率 57.6%，粒长 6.4 毫米，长宽比 3.3，垩白粒率 17%，垩白度 3.1%，透明度 2 级，碱消值 6.7 级，胶稠度 89 毫米，直链淀粉含量 21.4%，蛋白质含量 10.4%。

产量表现：2010 年参加漳州市早稻区试，平均亩产 484.9 千克，比对照华优桂 99 减产 0.66%，减产不显著；2011 年续试，平均亩产 498.7 千克，比对照华优桂 99 增产 6.29%，达极显著水平；两年区试平均亩产比对照增产 2.76%。2011 年参加漳州市早稻生产试验，平均亩产 529.5 千克，比对照华优桂 99 增产 2.78%。

栽培要点：在漳州市作早稻种植，秧龄为 25 ～ 30 天。插植密度 20

厘米×23厘米，从插2粒谷。亩施纯氮10千克，氮、磷、钾比例为1.0∶0.6∶0.8，基肥、分蘖肥、穗粒肥比例为5∶3∶2。水管采取浅水促蘖、适时烤田、有水抽穗、湿润灌浆、后期干湿交替。注意及时防治病虫害。

省农作物品种审定委员会审定意见：天丰优316属早籼三系杂交稻品种。全生育期141天左右，比对照华优桂99迟熟3天；产量中等；稻瘟病抗性田间鉴定为中抗稻瘟病；米质达部颁二等优质食用稻品种标准。适宜漳州市作早稻种植，栽培上中后期应控氮防倒伏。经审核，符合福建省农作物品种审（认）定规定，通过审定。

144. 特优77

亲本来源：龙特甫A（♀）明恢77（♂）

选育单位：福建省漳州市农业科学研究所

品种类型：籼型三系杂交水稻

2001年广西审定，编号：桂审稻2001119号

品种来源：福建省漳州市农科所于1991年用龙特甫A与明恢77配组而成的感温型中熟杂交水稻组合。我区于1992年引进。

报审单位：玉林市第二种子公司、桂林市种子公司

特征特性：桂南种植全生育期早造118天左右，晚造105天左右；桂中、北种植全生育期早造125天左右，晚造115天左右。株型集散适中，茎秆粗壮，分蘖力中等，叶片挺直，耐肥抗倒性强，株高100厘米左右，亩有效穗18万～20万，每穗总粒110～160粒，结实率76%～90%，千粒重28克左右，米质一般，田间种植表现抗稻瘟病能力强，适应性广。

产量表现：1992年晚造参加玉林市（县级）品比试验，折亩产516.7千克，比对照博优64增产7.5%；1993年晚造续试，折亩产532千克，比对照汕优桂99增产5.2%。1995—1996年晚造参加桂林市区试，平均亩产分别为512.3千克和491.6千克，比对照汕优桂99增产7.1%和6.4%。1993—2001年全区累计种植面积58万亩，一般亩产500千克左右。

栽培要点：（1）宜选择土壤肥力中等以上的田种植。（2）适时播种，培育壮秧。（3）插植规格23厘米×13厘米，双本插植；抛秧的每亩抛足50个塑盘秧。（4）施足基肥，早施分蘖肥，氮磷钾配合使用，亩施纯氮12千克左右。（5）适时露晒田，及时防治病虫害。

制种要点：（1）选用经提纯的双亲原种在中晚造制种，桂南晚制，建议父母本播差期时差为-7天；桂北中晚制，建议父母本播差期时差为-3天左右。（2）因父本生育期短，植株较母本矮，父本宜采用假双行插植，以利攻父本，早够苗，增加有效穗和花粉量，提高制种产量。（3）母本抽穗10%～15%时始喷九二O，亩用量14～16克。

自治区品审会意见：经审核，玉林、桂林市农作物品种评审小组评审通过的特优77，已经福建省农作物品种审定委员会审定通过，符合广西水稻品种审定标准，通过审定，可在全区推广种植。

145. 汕优直龙

本来源：珍汕97A（♀）直龙（♂）

选育单位：湛江农业专科学校

品种类型：籼型三系杂交水稻

适种地区：广东省早稻中南部地区推广种植

珍汕97A与直龙配成的籼型感温组合

1987年广东审定，编号：粤审稻1987001

特征特性：感温型杂交水稻组合。全生育期早造125～135天，晚造105～110天。株高100厘米，株型紧凑、直集，叶片厚直，前期叶色浓绿。中后期转色顺调。分蘖力较弱，亩有效穗15万左右，成穗率54.6%，穗长20.8厘米，每穗总粒数138.9粒，结实率83.6%，着粒较密。千粒重28.2克，米椭圆形，有腹白、心白，外观米质四级，糙米率较高，饭味较浓，软硬适中。耐寒性较强，耐肥抗倒。抗稻瘟病，较少感染纹枯病，中感白叶枯病和细菌性条斑病，不抗稻飞虱。适应性和稳产性比汕优2号强。

产量表现：1985 和 1986 年早造参加省区试，平均亩产 458 千克和 450.5 千克，比汕优 2 号增产 5.4% 和 9.8%，达极显著值。

栽培要点：（1）疏播匀播，培育多蘖壮秧。（2）适当增加插植苗数，多蘖秧插单株，少蘖秧插双株。（3）增施有机质土杂肥作基肥，早施分蘖肥，巧施中后期肥，提高成穗率，增加有效穗。（4）前期浅水分蘖，中后期干湿排灌为主，后期不要断水过早，以免影响充实。（5）注意防治病虫害，尤其注意防治白叶枯病和稻飞虱。

省品审会意见：经 1985 和 1986 年早造省区域试验，均比对照种汕优 2 号增产极显著，株叶形态好，丰产性能高，抗稻瘟病。制种产量一般。缺点是米质较差，属四级米，不抗白叶枯病。适宜我省早稻中南部地区推广种植。

146. 五优 662

亲本来源：五丰 A（♀）R662（♂）

选育单位：江西惠农种业有限公司；广东省农业科学院水稻研究所

品种类型：籼型三系杂交水稻

江西惠农种业有限公司用自育优良恢复系 R662 与不育系五丰 A 配组育成的高产、稳产、早熟杂交晚稻组合（徐金仁等，2012）

2012 年江西审定，编号：赣审稻 2012010

选育单位：江西惠农种业有限公司、广东省农业科学院水稻研究所

品种来源：五丰 A×R662（R318//N121/ 抗蚊青占）杂交选配的杂交晚稻组合

特征特性：全生育期 119.2 天，比对照岳优 9113 早熟 0.2 天。该品种株型适中，叶色浓绿，剑叶宽挺，长势繁茂，分蘖力强，稃尖紫色，穗粒数多、着粒密，结实率较高，熟期转色好。株高 96.1 厘米，亩有效穗 20.8 万，每穗总粒数 127.2 粒，实粒数 93.1 粒，结实率 73.2%，千粒重 27.2 克。出糙率 80.5%，精米率 73.9%，整精米率 51.1%，粒长 7.1 毫米，粒型长宽比 3.0，垩白粒率 72%，垩白度 10.1%，直链淀粉含量 20.0%，胶稠度 40 毫米。稻瘟病

抗性自然诱发鉴定：穗颈瘟为 9 级，高感稻瘟病。

产量表现：2010—2011 年参加江西省水稻区试，2010 年平均亩产 476.62 千克，比对照岳优 9113 增产 3.71%；2011 年平均亩产 514.14 千克，比对照岳优 9113 增产 6.64%，显著。两年平均亩产 495.38 千克，比对照岳优 9113 增产 5.18%。

适宜地区：全省稻瘟病轻发区种植。

栽培要点：6 月 20 ～ 25 日播种，秧田播种量每亩 10 ～ 15 千克，大田用种量每亩 1.5 ～ 2.0 千克。秧龄 20 ～ 25 天。栽插规格 5 寸 ×5 寸或 5 寸 ×6 寸，每穴插 2 粒谷。亩施 45% 水稻专用复合肥 30 千克作基肥，移栽后 5 ～ 6 天结合施用除草剂亩追施尿素 10 ～ 15 千克、氯化钾 5 ～ 10 千克。干湿相间促分蘖，有水孕穗，干湿交替壮籽，后期不要断水过早。根据当地农业部门病虫预报，及时防治稻瘟病、二化螟、稻纵卷叶螟、稻飞虱等病虫害。

147. 特优 103

亲本来源：龙特甫 A（♀）漳恢 103（♂）

选育单位：漳州市农业科学研究所

完成人：郭福泰

品种类型：籼型三系杂交水稻

不育系龙特甫 A 与恢复系漳恢 103 配制（郭福泰，2012）

2007 年福建审定，编号：闽审稻 2007007

特征特性：全生育期两年区试平均 143.0 天，比对照汕优 63 迟熟 1.9 天。株型适中，后期转色好，每亩有效穗数 16.8 万，株高 118.2 厘米，穗长 23.4 厘米，每穗总粒数 153.6 粒，结实率 87.22%，千粒重 28.0 克。抗稻瘟病田间 6 个点、室内 1 个点两年鉴定，综合评价为中感稻瘟病，其中宁化水茜点鉴定为高感稻瘟病。米质检测结果，糙米率 78.9%，精米率 71.8%，整精米率 69.2%，粒长 6.2 毫米，垩白率 49.0%，垩白度 4.9%，透明度 1 级，碱消值 6.3 级，胶稠度 34.0 毫米，直链淀粉含量 21.1%，蛋白质含量 7.1%。

产量表现：2004年参加省中稻B组区试，平均亩产588.07千克，比对照汕优63增产7.66%，达极显著水平；2005年中稻A组续试，平均亩产567.85千克，比对照汕优63增产7.76%，达极显著水平。2006年生产试验平均亩产615.46千克，比对照汕优63增产7.47%。

栽培要点：作中稻种植4月下旬至5月上旬播种，秧龄30天。插植规格20厘米×23厘米，丛插2粒谷，亩插基本苗6万。亩施纯氮11千克，氮、磷、钾比例1∶0.6∶0.8，基肥、蘖肥、穗肥、粒肥比例6∶3∶0.5∶0.5。水管采取"深水返青、浅水促蘖、后期干湿交替"。及时防治稻瘟病等病虫害。

省品审会审定意见：特优103属中籼三系杂交稻新组合，全生育期143天，比对照汕优63迟熟2天左右。丰产性、稳产性较好，抗稻瘟病，鉴定综合评价为中感稻瘟病，其中宁化水茜点鉴定为高感稻瘟病，米质达部颁二等优质食用稻品种标准。适宜福建省稻瘟病轻发区作中稻种植，栽培上应注意防治稻瘟病。经审核，符合福建省品种审定规定，通过审定。

148. 金优433

亲本来源：金23A（♀）P433（♂）

选育单位：湖南省衡阳市农业科学研究所

品种类型：籼型三系杂交水稻

2008年湖南审定，编号：湘审稻2008008

品种来源：金23A×P433，湖南省衡阳市农业科学研究所配组。

特征特性：该品种属三系迟熟杂交早籼，在我省作双季早稻栽培，全生育期111天。株高约87厘米，株型紧凑，生长势强，茎秆较粗壮，分蘖力强，有效穗较多，穗大粒多，结实率高，落色好。叶鞘、叶缘紫色，稃尖紫色，叶色淡绿，叶片直立，半叶上禾。省区试结果：每亩有效穗21.2万，每穗总粒数105粒，结实率81.5%，千粒重25.6克。抗性：叶瘟7级、穗瘟9级、稻瘟病综合评级8.5，高感稻瘟病；白叶枯病7级，感白叶枯病。米质：糙米率82.0%，精米率73.4%，整精米率65.2%，粒长7.1毫米，长宽比3.2，垩白粒

率66%，垩白度6.6%，透明度1级，碱消值5.4级，胶稠度74毫米，直链淀粉含量22.0%，蛋白质含量9.5%。

产量表现：2006年省区试平均亩产511.24千克，比对照金优402增产1.97%，不显著；2007年续试平均亩产522.60千克，比对照增产4.83%，显著。两年区试平均亩产516.92千克，比对照增产3.40%，日产4.65千克，比对照高0.19千克。

栽培要点：在我省作早稻栽培，3月底播种，每亩秧田播种量10～15千克，每亩大田用种量2千克，培肥秧床，稀播匀播，薄膜覆盖，培育壮秧。3.5～4.5叶移栽，栽插密度16.5厘米×20厘米，每亩插足基本苗6万～8万。亩施纯氮12千克，氮磷钾比10∶9∶6。浅水分蘖，足苗轻晒，后期干湿管理。及时防治病虫害，特别注意防治纹枯病、稻纵卷叶螟、二化螟和飞虱。

适宜种植区域：适宜于湖南省稻瘟病轻发区作双季早稻种植。

149. 汕优669

亲本来源：珍汕97A（♀）R669（♂）

选育单位：福建农业大学；福建省种子总站

品种类型：籼型三系杂交水稻

1999年江西审定，编号：赣审稻1999008，品审会已于2010年终止推广

1997年福建审定，编号：闽审稻1997004

150. T优706（隆平001）

亲本来源：T98A（♀）R706（♂）

选育单位：湖南隆平高科农平种业有限公司；湖南杂交水稻研究中心；袁隆平农业高科技股份有限公司江西种业分公司

完成人：廖翠猛

品种类型：籼型三系杂交水稻

适种地区：赣中北地区

2003年江西审定，编号：赣审稻2003023

品种来源：不育系98A×恢复系R706杂交选配的杂交早稻组合。

特征特性：全生育期109.1天，比浙733迟熟0.1天。该品种田间长相清秀，分蘖力强，有效穗多，但千粒重较小，结实率偏低。株高87.42厘米，亩有效穗24.85万，每穗总粒数109.55粒，实粒数77.76粒，结实率70.98%，千粒重23.12克。糙米率80.5%，整精米率37.2%，垩白粒率54%，垩白度18.4%，直链淀粉含量18.64%，胶稠度50毫米，粒长6.5毫米，长宽比3.0。稻瘟病抗性自然诱发鉴定：苗瘟0级，叶瘟0级，穗颈瘟0级。

产量表现：2002—2003年参加江西省水稻区试，2002年平均亩产426.90千克，比对照优I402减产8.60%，极显著；2003年平均亩产444.91千克，比对照浙733增产1.22%。

适宜地区：赣中北地区种植。

栽培要点：3月下旬播种，每亩播种25～30千克，大田用种量1.5～2.0千克。秧龄20～25天，叶龄4.5～5.0叶，适时移栽，栽插规格5寸×6寸，每穴2粒谷，基本苗6万～7万。亩施纯氮：10.6千克，磷6.4千克，钾8.3千克；氮、磷、钾的比例为1 ∶ 0.6 ∶ 0.78。氮肥在移栽后15天内全部施完。浅水浅插，浅水常露，湿润交替，够苗晒田，孕穗抽穗保持浅水，后期防断水过早，湿润养根。除草剂除草、防虫、防纹枯病三次。

151. Q优2号（庆优2号）

亲本来源：Q1A（♀）成恢047（♂）

选育单位：重庆市种子公司

完成人：李贤勇；王楚桃；李顺武；何永歆

品种类型：籼型三系杂交水稻

适种地区：云南、贵州、重庆中低海拔稻区（武陵山区除外）和四川平坝

稻区、陕西南部稻瘟病轻发区作一季中稻种植

重庆市种子公司用自育优质不育系6008A与成恢047配组育成的优质杂交中籼组合（李贤勇等，2003）

2006年江西审定，编号：赣审稻2006071

品种来源：Q1A×成恢047杂交选配的杂交一季稻组合

特征特性：全生育期127.8天，比对照汕优63早熟0.6天。该品种株型适中，叶色绿，叶片较挺，长势一般，分蘖力强，有效穗多，穗大粒多，结实率一般，千粒重较小，熟期转色好。株高113.5厘米，亩有效穗17.9万，每穗总粒数159.7粒，实粒数119.7粒，结实率75.0%，千粒重24.2克。出糙率79.0%，精米率64.1%，整精米率58.4%，垩白粒率14%，垩白度1.7%，直链淀粉含量15.77%，胶稠度80毫米，粒长6.9毫米，粒型长宽比3.1。米质达国优3级。稻瘟病抗性自然诱发鉴定：穗颈瘟最高为9级，高感稻瘟病。

产量表现：2004—2005年参加江西省水稻区试，2004年平均亩产548.70千克，比对照汕优63增产2.75%；2005年平均亩产477.72千克，比对照汕优63增产7.33%。

适宜地区：江西省平原地区的稻瘟病轻发区种植。

栽培要点：5月10～20日播种，秧田播种量每亩15千克，大田用种量每亩1千克。秧龄25～30天，栽插规格5寸×7寸或6寸×7寸，每穴插1～2粒谷，亩插足基本苗6万～8万。亩施纯氮10～12千克，五氧化二磷6～7千克，氯化钾10千克。磷肥全作底肥，氮肥施用按底肥占60%、追肥占30%、穗粒肥占10%，钾肥施用按底肥占50%、穗粒肥占50%。追肥在移栽后7～10天施用，穗粒肥在抽穗前15天左右施用。浅水栽插，深水返青，薄水分蘖，够苗晒田，深水抽穗，湿润灌浆，后期不能断水过早。注意加强防治稻瘟病、稻飞虱等病虫害。

152. 恒丰优387

亲本来源：恒丰A（♀）R387（♂）

选育单位：湛江市农业科学研究所；广东粤良种业有限公司

完成人：肖捷；林建强；付爱民；汪云；刘康平

品种类型：籼型三系杂交水稻

2008年春季在湛江以恒丰A与R387配组育成（肖捷等，2013）

2018年贵州审定，编号：黔审稻20180005

申请者：贵州秋实农业发展有限公司

育种者：广东粤良种业有限公司、贵州秋实农业发展有限公司、海南南繁种子基地有限公司

品种来源：恒丰A×R387

特征特性：迟熟籼型三系杂交稻。全生育期为150.8天，比对照F优498早熟1.4天。株叶型较好，茎秆较粗壮；叶色淡绿，剑叶挺直，分蘖力强，粒型较长，颖尖无色、无芒、后期转色好。株高112.8厘米，有效穗16.1万/亩，穗长23.6厘米，每穗总粒数194.6粒，结实率为79.5%，千粒重27.1克。2017年经农业部食品质量监督检验测试中心（武汉）测试，达国标3级优质稻谷，米质主要指标为：出糙率79.8%，精米率72.1%，整精米率65.8%，垩白粒率10%，垩白度2.3%，粒长7.1毫米，长宽比3.1，胶稠度70毫米，直链淀粉含量15.0%，碱消值6.0级，透明度1级。食味评价80.8分。耐冷性鉴定2016年表现为“较弱”、2017年表现为“较强”，2016—2017年稻瘟病抗性鉴定均表现为“中感”。

产量表现：2016年初试平均亩产634.58千克，比对照F优498增产3.54%，增产点比例70%，居参试组合第一位，达极显著水平。全生育期149.2天，比对照F优498早熟2.5天。2017年续试平均亩产657.46千克，比对照F优498增产2.78%，增产点率80%，增产达显著水平；全生育期152.3天，比对照早熟0.3天。两年区试平均亩产646.02千克，比对照增产3.15%，两年累计增产点比例75%，平均生育期150.8天。2017年生产试验平均亩产601.54千克，比对照F优498增产8.02%，增产点率100%。

栽培要点：（1）清明节前后播种，播种前晒种、强氯精浸种、稀播匀播，科学肥水管理，培育多蘖壮秧。（2）育秧方式采用旱育秧或两段育秧，秧龄不超过35天。（3）合理密植。宽窄行栽插方式，每亩1.2万～1.5万穴，随

海拔升高或肥力降低增加种植密度。（4）科学肥水管理：重底早追，增施磷、钾肥和有机肥，结合科学管水，够苗晒田，干湿壮籽，做到苗足、苗健、穗大、粒重。亩施基肥农家肥60千克、尿素5千克、普钙15千克、氯化钾5千克，移栽5天后亩施分蘖肥尿素3千克，主穗圆秆后10天亩施穗肥尿素2千克。（5）苗期、破口期、齐穗期注意稻瘟病防治，分蘖期、孕穗期注意稻飞虱、螟虫防治。注意稻瘟病和其他病虫害防治。

审定意见：该品种符合贵州省水稻品种审定标准，通过审定。适宜于我省迟熟杂交籼稻区种植。

153. T优6135（T优61-3-5）

亲本来源：T98A（♀）R6135（♂）

选育单位：湖南隆平高科农平种业有限公司

完成人：廖翠猛

品种类型：籼型三系杂交水稻

适种地区：广西中北部、福建中北部、江西中南部、湖南中南部以及浙江南部稻瘟病、白叶枯病轻发区作双季晚稻种植

湖南隆平高科农平种业有限公司用T98A与自选恢复系R6135配组而成的中迟熟中晚籼组合（贺长青等，2005）

2006年国家审定，编号：国审稻2006019

特征特性：该品种属籼型三系杂交水稻。在长江上游作一季中稻种植，全生育期平均155.3天，比对照汕优63迟熟3.1天。株型紧凑，长势繁茂，叶片挺直，叶色浓绿，每亩有效穗数16.1万穗，株高111.8厘米，穗长24.8厘米，每穗总粒数185.0粒，结实率79.6%，千粒重25.3克。抗性：稻瘟病平均4.4级，最高5级，抗性频率57.1%。米质主要指标：整精米率65.4%，长宽比3.0，垩白粒率21%，垩白度2.1%，胶稠度62毫米，直链淀粉含量22.2%，达到国标优质2级。

产量表现：2004年参加长江上游中籼迟熟组品种区域试验，平均亩产

579.21千克，比对照汕优63增产0.34%（不显著）；2005年续试，平均亩产565.96千克，比对照汕优63增产0.65%（不显著）；两年区域试验平均亩产572.58千克，比对照汕优63增产0.49%。2005年生产试验，平均亩产521.69千克，比对照汕优63增产4.08%。

栽培要点：（1）育秧：根据各地中籼生产季节适时播种，一般可与Ⅱ优838同期播种，每亩秧田播种量15千克，每亩大田用种量1.5千克。（2）移栽：密度以23.3厘米×26.7厘米为宜，插足基本苗。（3）肥水管理：中等肥力水平栽培，氮、磷、钾配合施用。后期不可脱水过早。（4）注意及时防治病虫害。

审定意见：该品种符合国家稻品种审定标准，通过审定。该品种熟期适中，米质优，产量中等，中感稻瘟病。适宜在云南、贵州、重庆的中低海拔籼稻区（武陵山区除外）、四川平坝丘陵稻区、陕西南部稻区作一季中稻种植。根据《中华人民共和国农业部公告》第413号，该品种（审定编号：国审稻2004034）还适宜在广西中北部、福建中北部、江西中南部、湖南中南部以及浙江南部稻瘟病、白叶枯病轻发区作双季晚稻种植。

154. 丰优9号

亲本来源：丰源A（♀）R9号（♂）

选育单位：湖南杂交水稻研究中心

完成人：唐传道；邓应德；袁光杰；唐振东；谭志军

品种类型：籼型三系杂交水稻

适种地区：江西、湖南、浙江省的中北部以及湖北、安徽省稻瘟病轻发区作双季晚稻种植

湖南杂交水稻研究中心用自选不育系丰源A与自选恢复系9号配组而成的中熟晚稻组合（唐传道等，2002）

2004年国家审定，编号：国审稻2004024

特征特性：该品种属籼型三系杂交水稻，在长江中下游作双季晚稻种植，

全生育期平均113.4天，比对照汕优64早熟0.3天。株高91厘米，株型适中，群体整齐，长势繁茂，穗粒重协调，熟期转色好。每亩有效穗数20.8万穗，穗长20.9厘米，每穗总粒数112.1粒，结实率83.9%，千粒重28克。抗性：稻瘟病9级，白叶枯病5级，褐飞虱9级。米质主要指标：糙米率79.7%，精米率71.7%，整精米率65.7%，长宽比3.1，垩白率27%，垩白度3.6%，胶稠度42毫米，直链淀粉含量20.6%。

产量表现：2001年参加长江中下游晚籼早熟高产组区域试验，平均亩产524.27千克，比对照汕优64增产6.61%（极显著）；2002年优质组续试，平均亩产477.26千克，比对照汕优64增产8.48%（极显著）；两年区域试验平均亩产499.95千克，比对照汕优64增产7.53%。2003年生产试验平均亩产471.23千克，比对照汕优64增产7.96%。

栽培要点：（1）培育壮秧：根据当地种植习惯与汕优64同期播种，亩播种8～10千克。（2）移栽：秧龄不超过30天，栽插密度为16.7厘米×20厘米，每亩插8.5万～10万基本苗。（3）肥水管理：以基肥和有机肥为主，前期重施，占总施肥量的65%左右，早施分蘖肥，后期看苗施肥。灌浆期湿润管理，不要脱水过早。（4）病虫防治：特别注意防治稻瘟病，注意防治白叶枯病。

审定意见：经审核，该品种符合国家稻品种审定标准，通过审定。该品种熟期适中，产量较高，高感稻瘟病，中感白叶枯病，米质较优。适宜在江西、湖南、浙江省的中北部以及湖北、安徽省稻瘟病轻发区作双季晚稻种植。

155. 丰源优227（丰优227）

亲本来源：丰源A（♀）湘恢227（♂）

选育单位：湖南杂交水稻研究中心

完成人：阳和华

品种类型：籼型三系杂交水稻

适种地区：广西中北部、广东北部、福建中北部、江西中南部、湖南中南

部、浙江南部

湖南杂交水稻研究中心用丰源A与湘恢227配组育成的三系杂交晚籼迟熟组合（刘跃川等，2009）。

2009年国家审定，编号：国审稻2009030

特征特性：该品种属籼型三系杂交水稻。在长江中下游作双季晚稻种植，全生育期平均119.2天，比对照汕优46短0.2天。株型适中，长势繁茂，熟期转色好，稃尖紫色，每亩有效穗数19.4万穗，株高104.3厘米，穗长22.3厘米，每穗总粒数125.6粒，结实率78.7%，千粒重26.9克。抗性：稻瘟病综合指数4.4级，穗瘟损失率最高9级；白叶枯病7级；褐飞虱9级。米质主要指标：整精米率71.%，长宽比2.8，垩白粒率8%，垩白度1.1%，胶稠度64毫米，直链淀粉含量21.1%，达到国标优质2级。

产量表现：2006年参加长江中下游中迟熟晚籼组品种区域试验，平均亩产482.31千克，比对照汕优46增产2.34%（极显著）；2007年续试，平均亩产484.07千克，比对照汕优46增产1.24%（不显著）；两年区域试验平均亩产483.19千克，比对照汕优46增产1.79%，增产点比例67.9%；2008年生产试验，平均亩产508.07千克，比对照汕优46增产4.61%。

栽培要点：（1）育秧：根据长江中下游各地晚稻生产季节要求适时播种，秧田每亩播种量6～8千克，大田每亩用种量1.2～1.5千克。（2）移栽：秧龄30天内移栽，栽插规格为16.7厘米×20厘米或16.7厘米×23.3厘米，每穴栽插4～5苗。（3）肥水管理：施肥以基肥为主，追肥为辅，早施分蘖肥，后期看苗施肥，有机肥与化学肥料搭配施用。深水活棵，及时晒田控苗，浅水孕穗抽穗，后期采用干干湿湿灌溉，不过早脱水。（4）病虫防治：注意及时防治稻瘟病、白叶枯病、褐飞虱等病虫害。

审定意见：该品种符合国家稻品种审定标准，通过审定。熟期适中，产量中等，中感稻瘟病，感白叶枯病，高感褐飞虱，米质优。适宜在广西中北部、广东北部、福建中北部、江西中南部、湖南中南部、浙江南部的白叶枯病轻发的双季稻区作晚稻种植。

156. 博优 752（博优赣 28 号）

亲本来源：博 A（♀）科恢 752（♂）

选育单位：江西省农业科学院水稻研究所

完成人：颜龙安；杨正威；陈萍；蔡耀辉；张晓波；刘秋英；林德培；杨毅；刁先俨；颜满莲；刘德炎；张方湖

品种类型：籼型三系杂交水稻

1994 年，博 A 与本所自选恢复系 752 配组育成（蔡耀辉等，2000；杨振威和颜龙安，2000）

2001 年广西审定，编号：桂审稻 2001025 号

品种来源：江西省农科院水稻所利用博 A 与自育成的恢复系 752 配组而成的弱感光型组合。广西壮族自治区种子公司于 1998 年引进。

报审单位：广西壮族自治区种子公司

特征特性：桂南作晚造种植，7 月上旬播种，全生育期 122 天；株型紧凑，剑叶长、直，略内卷，受光姿态好，株高 105 ～ 110 厘米，分蘖力中等，根系发达，耐肥抗倒性强，需肥量大，抽穗整齐，后期熟色好，亩有效穗 17 万～ 18 万，穗长 24 ～ 26 厘米，穗总粒 150 ～ 160 粒，结实率 85% 以上，千粒重 24 ～ 26 克，田间种植表现抗性较好。经农业部稻米及制品质量监督检验测试中心分析，糙米率 79.6%，精米率 73.2%，整精米率 58.8%，长宽比 2.5，垩白率 78%，垩白度 9.8%，透明度 3 级，碱消值 4.9 级，胶稠度 40 毫米，直链淀粉含量 19.4%，蛋白质含量 9.9%。

产量表现：1999—2000 年晚造参加引种单位的品种比较试验，平均亩产分别为 591.6 千克和 624.0 千克，比对照博优桂 99 增产 14.8% 和 24.97%，均居第一位；2000 年晚造在隆安、桂平、大化、钦州、大新等地进行生产试验和试种示范，其中：隆安、桂平点亩产分别为 461.8 千克和 476 千克，比对照博优桂 99 增产 8.6% 和 19.5%；大化点亩产为 459 千克，比对照博优 1025 增产 6.3%。试种示范一般亩产为 450 ～ 500 千克。

栽培要点：该组合耐肥抗倒，栽培时注意增施肥料，以充分发挥品种的增产潜力。其他参照博优桂 99 等感光组合进行。

制种要点：桂南春制父母本播差期为 5.5 ～ 6 叶，秋制父本 28 播始历期 76 天，安排时差 15 天。其他参照博优系列组合制种技术进行。

自治区品审会意见：经审核，该组合已通过江西省农作物品种审定委员会审定，符合广西水稻品种审定标准，予以认定，可在桂南稻作区土壤肥力中等以上的稻田作晚稻推广种植。

157. 中浙优 10 号

亲本来源：中浙 A（♀）06 制 7–10（♂）

选育单位：中国水稻研究所；浙江勿忘农种业股份有限公司

完成人：童汉华；唐昌华；曹一平；章善庆

品种类型：籼型三系杂交水稻

2006 年在海南用中浙 A 与编号为 06 冬制 –7 的株系测交配组（曹一平等，2013）

2016 年云南审定，编号：滇审稻 2016016 号

申请单位：云南省农业科学院粮食作物研究所

选育单位：中国水稻研究所、浙江勿忘农种业股份有限公司

品种来源：系中国水稻研究所与浙江勿忘农种业股份有限公司中浙 A 与编号为 06 冬制 –7 的株系单株配组育成。

特征特性：全生育期 164 天，株高 111.7 厘米，株型适中，熟期转色好。穗长 24.82 厘米，穗总粒数 179.8 粒，穗实粒数 149.5 粒，千粒重 28.2 克，亩有效穗 16.7 万穗，成穗率 65.48%，落粒性中等。

产量表现：2014—2015 两年平均亩产 705.63 千克，比对照增产 6.09%、增产点次 88.89%。2015 年生产试验，平均亩产 678.77 千克，比对照增产 0.79%、增产点次 60%。

抗性鉴定：2015 年抗性鉴定：稻瘟病综合抗性指数 5.8，穗瘟损失率指数

病级 7 级；2015 年田间病害发生记载：罗平重感穗颈瘟，普洱、德宏轻感穗颈瘟，普洱轻感白叶枯病，水富、红河、华坪轻感纹枯病，罗平、红河、华坪、云县轻感稻曲病。

品种主要缺陷：无

2015 年抗性鉴定：稻瘟病综合抗性指数 5.8，穗瘟损失率指数病级 7 级；2015 年田间病害发生记载：罗平重感穗颈瘟，普洱、德宏轻感穗颈瘟，普洱轻感白叶枯病，水富、红河、华坪轻感纹枯病，罗平、红河、华坪、云县轻感稻曲病。

适宜区域：云南海拔 1300 米以下籼稻区。

158. 辐优 802

亲本来源：辐 74A（♀）川恢 802（♂）

选育单位：四川省农业科学院生物技术核技术研究所

完成人：张安中；向跃武；张志雄；周贤明；王家银

品种类型：籼型三系杂交水稻

适种地区：四川、重庆海拔 800 米以下稻瘟病非常发区

2005 年重庆引种，编号：渝引稻 2005002

引种单位：忠县种子公司。

特征特性：该组合全生育期 154 天左右，比对照汕优 63 短 1.5 天。属中迟熟杂交水稻，株高 107.40 厘米，亩有效穗数 10.2 万～18.3 万穗，穗长 25.20 厘米，穗平着粒数 208.70 粒，穗平实粒数 172.50 粒，结实率 68.5%～90.70%，千粒重 26.30 克。

经农业部稻米及制品质量监督检验测试中心测定，糙米率 80.70%，精米率 71.80%，整精米率 49.20%，粒长 6.70 毫米，长宽比 3.10，垩白粒率 33%，垩白度 6.10%，透明度 2 级，碱消值 4.9 级，胶稠度 66 毫米，直链淀粉含量 20.30%，蛋白质含量 9.70%。达 NY/T593-2002《食用稻品种品质》三级，品质优于对照。

经涪陵区农科所检测鉴定，叶瘟4级，中抗叶瘟，颈瘟7级，感穗颈瘟，抗性强于对照汕优63。

产量表现：2004年参加重庆市杂交水稻引种A组试验，平均亩产555.00千克，比对照汕优63平均增产6.70%，11个试点9增2减。

栽培要点：（1）适时播种，培育壮秧：按各地正常播种期适时早播，稀播培育壮秧，亩播种10～15千克，采用地膜育秧、水稻旱育秧或抛秧，中苗早栽，秧龄35天左右。（2）移栽规格：亩栽1.2万～1.5万窝，中等肥力田移栽规格为30厘米×13.30厘米或（46.70+20）厘米×16.70厘米。（3）施肥技术：中等肥力田，底肥亩用有机肥500千克以上，尿素5千克，磷肥40千克，钾肥5千克，分蘖肥于返青后亩用尿素3千克；孕穗肥于抽穗前35天亩用尿素3千克，钾肥5千克；穗粒肥于抽穗前7天亩用尿素2千克。（4）及时防治病虫害：根据观察和当地植保站病虫预报，稻瘟病、稻螟、稻飞虱、纹枯病等应及时、有效地防治。

审定意见：经审核，符合品种认定条件，通过认定。适宜我市海拔800米以下稻瘟病非常发区作一季中稻种植，并要求种子包衣、加强稻瘟病防治。

159. 川香稻5号（川香优5号）

亲本来源：川香29A（♀）成恢761（♂）

选育单位：四川省农业科学院作物研究所

品种类型：籼型三系杂交水稻

适种地区：重庆、四川

2005年重庆引种，编号：渝引稻2005011，品审会已于2011年终止推广

引种单位：重庆市种子公司渝东分公司。

特征特性：该组合全生育期160.1天左右，比对照汕优63长4.6天，属中迟熟杂交水稻。株高110.60厘米，亩有效穗数11.8万～18.0万穗，穗长25.10厘米，穗平着粒数179.3粒，穗平实粒数147.6粒，结实率71.70%～89.50%，千粒重28.60克。

经农业部稻米及制品质量监督检验测试中心测定，糙米率80.20%，精米率73.80%，整精米率65.70%，粒长6.40毫米，长宽比2.7，垩白粒率49.00%，垩白度12%，透明度1级，碱消值5.2级，胶稠度66.00毫米，直链淀粉含量22.60%，蛋白质9.00%。达NY/T593-2002《食用稻品种品质》四级，为普通稻。

经涪陵区农科所检测鉴定，叶瘟6级，中抗叶瘟，颈瘟9级，高感穗颈瘟，抗性与对照汕优63相当。

产量表现：2004年参加重庆市杂交水稻引种A组试验，平均亩产544.10千克，比对照汕优63平均增产5.00%，11个试点9增2减。

栽培要点：适时早播，稀播培育壮秧，适时早栽。亩植1.2万～1.5万丛左右。每穴栽两粒谷苗。本田施足底肥，中等肥力田亩施纯氮10～13千克。注意在幼穗分化始期适当追施穗肥，促进穗大粒多。按植保部门预报及时做好病虫害防治。

审定意见：经审核，符合品种认定条件，通过认定。适宜我市海拔800米以下稻瘟病非常发区作一季中稻种植，并要求种子包衣、加强稻瘟病防治。

160. 汕优70

亲本来源：珍汕97A（♀）明恢70（♂）

选育单位：三明市农业科学研究所

品种类型：籼型三系杂交水稻

2000年福建审定，编号：闽审稻2000010

三明市农科所选育而成的中籼感光型组合。作中稻全生育期107天左右。株叶态好，茎秆粗壮，分蘖力较强，每穗总粒数150～170粒，结实率约85%，千粒重28克。中抗稻瘟病，丰产性好。1986年三明市区试平均单产9078千克/公顷，比对照汕优63增产9.6%，1987年续试平均单产8724千克/公顷，比对照汕优63增产3.4%。适宜福建省中低海拔地区作单季稻推广种植。

161. 南优 2 号

亲本来源：二九南 1 号 A（♀）IR24（♂）

选育单位：湖南省杂交水稻研究协作组

完成人：袁隆平

品种类型：籼型三系杂交水稻

1979 年陕西审定，编号：79-13

162. T 优 463

亲本来源：T98A（♀）To463（♂）

选育单位：袁隆平农业高科技股份有限公司江西种业分公司；湖南省衡阳市农业科学研究所

品种类型：籼型三系杂交水稻

2005 年江西审定，编号：赣审稻 2005081

品种来源：T98A×To463（To974/R402）杂交选配的杂交早稻组合

特征特性：全生育期 113.7 天，比 CK 长 3.4 天。该品种株型较松散，长势繁茂，剑叶细长挺直，分蘖力较强，有效穗较多，穗大粒多，结实率偏低，后期落色好。株高 97.9 厘米，亩有效穗 22.8 万，每穗总粒数 111.8 粒，每穗实粒数 81.3 粒，结实率 72.7%，千粒重 26.1 克。出糙率 81.2%，精米率 68.0%，整精米率 42.3%，垩白粒率 46％，垩白度 6.9%，直链淀粉含量 19.40%，胶稠度 51 毫米，粒长 7.2 毫米，粒型长宽比 3.1，透明度 3 级，碱消值 5 级。稻瘟病抗性自然诱发鉴定：苗瘟 0 级，叶瘟 0 级，穗瘟 5 级。

产量表现：2003—2004 年参加江西省水稻区试，2003 年平均亩产 465.88 千克，比对照金优 402 减产 1.56%；2004 年平均亩产 474.31 千克，比对照金优 402 减产 2.07%。

适宜地区：赣中南稻瘟病轻发区种植。

栽培要点：3月15～20日播种，每亩秧田用种量15～20千克，大田亩用种量1.5～2.0千克。秧龄30天，栽插规格5寸×6寸，每穴2粒谷苗，基本苗6万～7万。亩施纯氮10千克，磷：6.0千克，钾：6.5千克，氮、磷、钾比为1.0 ∶ 0.6 ∶ 0.65。浅水分蘖，够苗晒田，孕穗抽穗期保持浅水，干湿壮籽，后期防断水过早，湿润养根。注意防治稻瘟病及其他病虫害。

163. 天优8号

亲本来源：天丰A（♀）广恢8号（♂）

选育单位：广东省金稻种业有限公司

品种类型：籼型三系杂交水稻

适种地区：江西、河南南部

2007年湖北审定，编号：鄂审稻2007012

选（引）育单位（人）：广东省农业科学院水稻研究所和广东省金稻种业有限公司

品种来源：广东省农业科学院水稻研究所和广东省金稻种业有限公司用不育系“天丰A”与恢复系“广恢8号”配组育成的杂交中稻品种。

特征特性：株型适中，植株较矮，茎秆较细，但韧性好，抗倒性较强。叶色淡绿，叶片略宽，剑叶较短、挺直。穗层欠整齐，穗形较小；谷粒长型，稃尖紫色，部分谷粒有中长顶芒。分蘖力中等，长势较旺，后期转色一般。区域试验中亩有效穗18.4万，株高112.1厘米，穗长22.1厘米，每穗总粒数143.1粒，实粒数116.9粒，结实率81.7%，千粒重28.31克。全生育期131.5天，比Ⅱ优725短5.6天。抗病性鉴定为中抗白叶枯病，高感穗颈稻瘟病。2004年、2006年参加湖北省中稻品种区域试验，米质经农业部食品质量监督检验测试中心测定，出糙率81.2%，整精米率61.3%，垩白粒率26%，垩白度3.8%，直链淀粉含量20.7%，胶稠度51毫米，长宽比3.1，主要理化指标达到国标三级优质稻谷质量标准。

产量表现：两年区域试验平均亩产560.90千克，比对照Ⅱ优725减产0.60%。其中：2004年亩产544.23千克，比Ⅱ优725减产1.49%，不显著；2006年亩产577.56千克，比Ⅱ优725增产0.24%，不显著。

栽培要点：（1）适时稀播，培育多蘖壮秧。鄂北4月20日左右播种，江汉平原、鄂东5月中旬播种。秧田亩播种量7.5～10千克，大田亩用种量1～1.5千克，秧苗一叶一心时喷施0.03%的多效唑溶液，以促秧苗矮壮多发。（2）宽窄行栽培，以利通风透光。秧龄30～35天，株行距13.3厘米×30.0厘米，每穴插1～2粒谷苗，亩插基本苗8万～10万。（3）科学肥水管理。一般亩施纯氮14～15千克，氮磷钾配合比例为1∶0.4∶0.7。浅水勤灌，亩苗数达到25万时排水晒田，后期干干湿湿，忌断水过早。（4）注意防治稻瘟病、稻曲病、螟虫、稻纵卷叶螟。

适宜种植区域：适于湖北省鄂西南以外的地区作中稻种植。

164. 深优9586

亲本来源：深95A（♀）R8086（♂）

选育单位：清华大学深圳研究生院

完成人：武小金

品种类型：籼型三系杂交水稻

2011年湖南审定，编号：湘审稻2011031

选育单位：清华大学深圳研究生院

品种来源：深95A×R8086

特征特性：该品种属三系杂交中熟晚稻。省区试结果：在我省作双季晚稻栽培，全生育期112天。株高105厘米，株型适中，生长势较强，叶鞘、稃尖紫红色，短顶芒，半叶下禾，后期落色好。每亩有效穗18万穗，每穗总粒160粒，结实率80%，千粒重25克。抗性：平均叶瘟4.3级，穗瘟8.3级，稻瘟病综合抗性指数5.8，高感稻瘟病，耐低温能力中等。米质：糙米率81.8%，精米率74.0%，整精米率66.8%，粒长6.6毫米，长宽比2.9，垩白粒

率14%，垩白度2.9%，透明度2级，碱消值3.8级，胶稠度82毫米，直链淀粉含量14.0%。

产量表现： 2009年省区试平均亩产509.4千克，比对照金优207增产6.23%，显著；2010年省区试平均亩产515.3千克，比对照增产11.45%，极显著。两年区试平均亩产512.4千克，比对照增产8.84%，日产量4.56千克，比对照高0.24千克。

栽培要点： 在我省作双季晚稻种植，湘南6月25日播种，湘中、湘北适当提前2～3天播种，每亩秧田播种量10千克，每亩大田用种量1.5千克，秧龄控制在28天以内。种植密度根据肥力水平采用16.5厘米×20厘米或20厘米×20厘米，每蔸插2粒谷秧。基肥足，追肥速，中期补，氮、磷、钾结合施用，适当增加磷、钾肥用量。深水活蔸，浅水分蘖，及时晒田，有水壮苞抽穗，后期干干湿湿，不脱水过早。秧田要狠抓稻飞虱、稻叶蝉的防治，大田注意防治稻瘟病、纹枯病、稻飞虱等病虫害。

审定意见： 该品种达到审定标准，通过审定。适宜在我省稻瘟病轻发区作双季晚稻种植。

165. 威优红田谷

亲本来源： 威20A（♀）红田谷（♂）

选育单位： 福建省莆田地区农科所

品种类型： 籼型三系杂交水稻

1983年福建审定，编号：闽审稻1983016

品种来源： 福建省建莆田地区农科所于1976年用"威20"不育系与矮秆晚稻型品种"红田谷"组配的杂交水稻组合。

特征特性： 属偏感光晚稻型。在福建省不宜作早稻栽培。作连作晚稻栽培时，于6月中、下旬播种，11月上旬成熟，全生育期128～140天。作中稻栽培，4月下旬播种，10月上旬成熟，全生育期160～170天。株高85～98厘米，株型略松散。分蘖力强，根系发达，茎秆粗细中等。主

茎总叶数16～17片，叶鞘、叶耳、稃尖、柱头均为紫红色，叶片较窄挺，后期转色好。后期较耐寒，短时间遇较低气温，对抽穗结实影响不大。稻穗半圆形，每穗粒数106～138粒，结实率80%～85%。谷粒椭圆形，无芒，饱满，千粒重26～27克。米质好，腹白小，米饭胀性中等，食味好。该组合适应性广，抗逆性强，较省肥耐瘦，对土壤肥力要求不严格，较耐酸碱锈冷烂土壤，适于中等肥力的一般稻田种植。较抗稻瘟病，轻感白叶枯病。

栽培要点：（1）因地制宜安排好耕作制度。200米以下低海拔地区能作连作晚稻栽培；300～500米海拔地区能作中稻栽培；600米以上山区不能安全齐穗，不宜种植。（2）适当稀播，培育适龄壮秧。连晚栽培秧龄25天，叶龄7天左右，秧田每亩播种量宜在10～12.5千克。若采用秧龄30天，叶龄8片左右，则以9～10千克为好。秧龄35天，叶龄9片以上，应掌握在8～9千克为宜。（3）合理密植，科学用肥。栽插密度一般每亩2万丛左右，每丛插22粒苗，基本苗7万～8万较好（包括分蘖）。施肥应掌握施足基肥和促蘖肥，适施幼穗分化肥和保花肥。总施肥量亩需纯氮7.5～9千克，基肥和促蘖肥应占总施肥量的75%左右，穗肥和保花肥占25%左右。后期不宜施过多氮肥，以防贪青倒伏减产。对老秧迟播田要特别注意攻头，促进分蘖早生快发。（4）科学管水与防治病虫害。一般掌握返青后浅水促蘖，当茎蘖数达到20万～22万苗时，开始晒田，抽穗灌浆再保持浅水层，腊熟期以后保持干湿相间，以湿为主。后期掌握在成熟前7～8天断水较为适宜。成熟时注意及时收割，以减少落粒损失。（5）注意防治螟虫、稻纵卷叶螟、稻叶蝉、稻飞虱等病虫。白叶枯病区和重稻瘟病区要做好种子消毒，孕穗至齐穗期根据田间情况，及时做好药物防治。

适应地区和产量水平：主要分布在福建三明、龙岩、宁德、莆田、晋江等地区。一般亩产400～500千克，高的可达600～650千克。

166. 特优 86（特优明 86）

亲本来源：龙特甫 A（♀）明恢 86（♂）

选育单位：三明市农业科学研究所

品种类型：籼型三系杂交水稻

2002 年福建三明市审定，编号：闽审稻 2002G01（三明），品审会已于 2011 年终止推广

选育单位：三明市农科所

品种来源：龙特甫 A/ 明恢 86

特征特性：该组合属籼型三系杂交中晚稻，基本营养型，全生育期 127 天，与汕优 63 相当，株叶形态好，剑叶厚而挺直、瓦型，茎秆粗壮，分蘖力中等，耐肥抗倒，后期转色好，中抗稻瘟病。株高 108 厘米左右，亩有效穗 17 万左右，每穗总粒数 138 粒左右，结实率 85％以上，千粒重 28 克左右。米质经农业部稻米及制品质量检验测试中心检测，糙米率 82.3％，精米率 75.6％，整精米率 56.7％，粒长 5.9 毫米，长宽比 2.3，垩白粒率 69％，垩白度 14.8％，透明度 3 级，碱消值 6.6 级，胶稠度 36 毫米，直链淀粉含量 22.6％，蛋白质含量 8.6％。

产量表现：1998 年和 1999 年参加省晚稻区试，平均亩产分别为 471.9 千克和 401.3 千克，比汕优 63 增产 3.09％和 3.43％。大田种植一般亩产 450 ～ 500 千克。

栽培要点：应稀播种育壮秧，秧龄控制在 35 天以内，施足基肥，早施分蘖肥。

省品审会审定意见：该组合属基本营养型中晚籼三系杂交水稻组合，作双晚全生育期与汕优 63 相当，茎秆粗壮，耐肥抗倒伏，丰产性好，中抗稻瘟病，米质中等，适宜三明市作中、双晚稻种植。经审核，符合福建省品种审定规定，通过审定。

167. 金优 706

亲本来源： 金 23A（♀）R706（♂）

选育单位： 湖南隆平高科农平种业有限公司

完成人： 廖翠猛

品种类型： 籼型三系杂交水稻

适种地区： 湖南和江西稻瘟病轻发区作双季早稻种植

湖南隆平高科农平种业有限公司用“金 23A/R706”选育的三系中熟杂交早籼稻组合（刘大锷等，2006）。

2005 年江西审定，编号：赣审稻 2005079

品种来源： 金 23A×R706（CPSL017/R510）杂交选配的杂交早稻组合

特征特性： 全生育期 107.4 天，比对照浙 733 早 1.6 天。该品种株叶型适中，整齐度好，长势繁茂，叶色浓绿，剑叶宽挺，分蘖力强，成穗率高，有效穗多，穗大粒多，结实率偏低，后期落色好。株高 78.2 厘米，亩有效穗 27.5 万，成穗率 79.5%，每穗总粒数 102.1 粒，实粒数 72.4 粒，结实率 70.9%，千粒重 24.7 克。出糙率 82.8%，精米率 65.6%，整精米率 38.2%，垩白粒率 46%，垩白度 6.9%，直链淀粉含量 20.36%，胶稠度 52 毫米，粒长 6.9 毫米，长宽比 3.1。稻瘟病抗性自然诱发鉴定：苗瘟 0 级，叶瘟 3 级，穗瘟 5 级。

产量表现： 2004 年参加江西省水稻区试和生产试验，区试平均亩产 463.38 千克，比对照浙 733 减 2.12%，生产试验平均亩产 442.53 千克，比对照浙 733 减 1.36%。

适宜地区： 江西全省稻瘟病轻发区种植。

栽培要点： 赣中、北 3 月 20 ～ 25 日播种，赣南 3 月 20 日左右播种，每亩秧田播种量 20 千克，亩大田用种量 2 千克。秧龄 25 天左右，叶龄 4.5 ～ 5.0 叶移栽，栽插规格 5 寸 ×6 寸，每穴 2 粒谷秧，基本苗 6 万～ 7 万。以基肥为主，早施追肥，后期看苗补施壮籽肥。亩施纯氮 9.0 ～ 10.0 千克，氮、磷、钾比为 1.0 ：0.6 ：0.7。浅水分蘖，够苗晒田，适当重晒，孕穗抽穗期保持浅

水，干湿壮籽，后期防断水过早，湿润养根。后期注意防治纹枯病、稻瘟病。

168. 金优 213

亲本来源：金 23A（♀）R213（♂）

选育单位：湖南隆平高科农平种业有限公司

品种类型：籼型三系杂交水稻

适种地区：江西全省、湖南稻瘟病轻发区

湖南杂交水稻研究中心用金 23A 与 R213 配组育成的杂交早籼组合（谢扬铭等，2005）

2005 年江西审定，编号：赣审稻 2005006

品种来源：不育系金 23A×R213（R119/R974）杂交选配的杂交早稻组合。

特征特性：全生育期 110.3 天，比对照金优 402 早熟 1.1 天。该品种株型较松散，植株整齐，剑叶宽挺，分蘖力较强，成穗率高，穗大粒多，结实率较高，后期落色好，抗倒性弱。株高 88.2 厘米，亩有效穗 23.8 万，每穗总粒数 116.8 粒，每穗实粒数 90.6 粒，结实率 77.6%，千粒重 24.4 克。出糙率 82.2%，精米率 67.0%，整精米率 37.2%，垩白粒率 80%，垩白度 12.0%，直链淀粉含量 24.01%，胶稠度 30 毫米，粒长 6.7 毫米，长宽比 2.9，透明度 3 级，碱消值 5 级。稻瘟病抗性自然诱发鉴定：苗瘟 0 级，叶瘟 3 级，穗瘟 0 级。

产量表现：2004 年参加江西省水稻区试和生产试验，区试平均亩产 498.83 千克，比对照金优 402 减产 0.69%；生产试验平均亩产 462.80 千克，比对照金优 402 减产 0.57%。

适宜地区：江西全省各地均可种植。

栽培要点：3 月中下旬播种，每亩秧田用种量 20 千克，亩用种量 2 千克。秧龄 25 ～ 28 天，栽插规格 5 寸 ×6 寸，每穴 2 粒谷苗。亩施纯氮 10 ～ 11 千克，氮、磷、钾比为 1 ：0.6 ：0.7。浅水分蘖，够苗晒田，孕穗抽穗期保持浅水，干湿壮籽，后期防断水过早。注意防治病虫害。

169. 威优 48-2

亲本来源：威 20A（♀）测早 2-2（♂）

选育单位：浙江省武义县金华市省种子公司

品种类型：籼型三系杂交水稻

1991 年浙江审定，编号：浙品审字第 071 号

170. 博优香 1 号（博优香）

亲本来源：博 A（♀）香恢 1 号（♂）

选育单位：广西博白县农业科学研究所

品种类型：籼型三系杂交水稻

适种地区：广西南部作晚稻种植

2001 年广西审定，编号：桂审稻 2001021 号

品种来源：博白县农科所利用自育成的博 A 与优质恢复系香恢 1 号配组而成的感光型组合。

特征特性：桂南种植，月上旬播种，全生育期 122 天，株型紧凑，茎秆粗壮，叶片细直，株高 100 厘米左右，分蘖力较强，耐肥抗倒性较强，后期熟色好，亩有效穗 18 万～ 21 万，穗平均总粒 130.9 粒，结实率 82.2%，谷粒细长，千粒重 21.5 克，米质较优，饭香、松软可口。大田种植表现较抗稻瘟病和白叶枯病。

产量表现：1992-1993 年晚造参加玉林地区区试，8 个试点平均亩产分别为 427.7 千克、427 千克，比对照博优 64 减产 13.2% 和 9.0%；1992 年晚造在陆川米场镇乐宁村连片种植 1540 亩，经抽样验收，平均亩产 541.7 千克。1992-2001 年玉林市累计种植面积 36.5 万亩，一般亩产 400 ～ 450 千克。

栽培要点：参照博优桂 99 进行。

制种要点：（1）春制父母本播差期为 7 ～ 7.5 叶。（2）父母本行比

1 ∶ 10。（3）母本始穗 10% 时始喷九二〇，亩用量 8 ～ 12 克。

自治区品审会意见：经审核，该组合符合广西水稻品种审定标准，通过审定，可在桂南稻作区作晚稻推广种植。

171. 特优 898

来源：龙特甫 A（♀）武恢 898（♂）

选育单位：福建省龙岩市农业科学研究所；武平县农业局；龙岩市种子公司

完成人：兰华雄；兰志斌；徐淑英

品种类型：籼型三系杂交水稻

福建省龙岩市农科所用龙特甫 A 与新恢复系武恢 898 配组于 1995 年育成的具有高产、优质、抗病、适应性广、米质较优的杂交稻组合（吴文明等，2001；卢春生，2001）。

2000 年福建审定，编号：闽审稻 2000013

172. 天优 368（天丰优 368）

亲本来源：天丰 A（♀）广恢 368（♂）

选育单位：广东省农业科学院水稻研究所

品种类型：籼型三系杂交水稻

适种地区：适宜广东省各地晚造种植和粤北以外地区早造种植

广东省农科院水稻研究所 2002 年用自选不育系天丰 A 与自选恢复系广恢 368 配组育成的优质高产抗病杂交稻组合（康金平等，2008）

2005 年广东审定，编号：粤审稻 2005025

特征特性：感温型三系杂交稻组合。早造全生育期 126 ～ 127 天，比培杂双七早熟 1 ～ 2 天。分蘖力较强，株型集散适中。株高 97.1 ～ 97.5 厘米，穗长 21.1 ～ 21.9 厘米，每穗总粒数 140 ～ 146 粒，结实率 76.8% ～ 83.3%，千粒重 23.8 ～ 24.4 克。稻米外观品质鉴定为早造一级至二级，整精米率 30.5% ～ 56.7%，垩白粒率 8% ～ 31%，垩白度 3.2% ～ 6.5%，直链淀粉含量 18.7% ～ 21.64%，胶稠度 64 ～ 70 毫米，长宽比 2.8 ～ 3.0。高抗稻瘟病，全群抗性频率 95.80%，对中 C 群、中 B 群抗性频率分别为 97.65% 和 90%，田间稻瘟病发生轻微；中感白叶枯病，对 C4 菌群、C5 菌群分别表现中抗和中感。抗倒力和后期耐寒力均较强。

产量表现：2003、2004 年早造参加省区试，平均亩产分别为 469.5 千克和 494.8 千克，2003 年比对照组合培杂双七增产 12.10%，增产极显著，2004 年与培杂双七产量相当。2004 年早造生产试验平均亩产 484.6 千克。

栽培要点：（1）早造 2 月下旬至 3 月上旬、晚造 7 月上、中旬播种，本田亩用种量 1 ～ 1.5 千克，稀播培育分蘖壮秧，早造秧龄 25 ～ 30 天或 5 ～ 6 叶龄，晚造秧龄 16 ～ 18 天，抛秧 3 ～ 4 叶龄为宜。（2）一般亩插 1.6 万～ 2 万科，亩插基本苗 6 万～ 8 万，抛秧每亩 1.8 万科左右。（3）施足基肥，早施适施分蘖肥，生长中期看苗情补施穗肥。（4）病虫害以防为主，综合防治，及时防治螟虫、稻纵卷叶螟和稻飞虱等，稻瘟病区注意防病。

制种要点：（1）隔离条件至少有 300 米的空间隔离或者不少于 25 天的花期隔离。（2）在海南省三亚春季制种时，父母本播差期安排为 12±2 天，即父本比母本早播 12±2 天。

省品审会审定意见：天优 368 为感温型三系杂交稻组合，全生育期比培杂双七早熟 1 ～ 2 天，丰产性较好，米质未达国家优质标准，外观品质鉴定为早造一级至二级，高抗稻瘟病，中感白叶枯病。适宜我省各地晚造种植和粤北以外地区早造种植，栽培上要注意防治白叶枯病。符合广东省农作物品种审定标准，审定通过。

173. 广 8 优 2168

亲本来源：广 8A（♀）GR2168（♂）

选育单位：广东省农业科学院水稻研究所

品种类型：籼型三系杂交水稻

广东农科院水稻研究所用自育增城丝苗型三系不育系广 8A 与自选的抗稻瘟病恢复系广恢 2168 配组育成的优质三系杂交稻组合（梁世胡等，2012）

2019 年广西审定，编号：桂审稻 2019165 号

申请者：广西兆和种业有限公司

育种者：广东省农业科学院水稻研究所

品种来源：广 8A×GR2168（青明 468× 广恢 350）

特征特性：感温籼型三系杂交水稻品种。在桂中、桂北作早稻或中稻、高寒山区作中稻种植，全生育期 138.9 天，比对照深两优 5814 短 3.8 天。抗性：稻瘟病综合指数两年分别为 2.8、5.8，稻瘟损失率最高级 5 级；白叶枯病（两年）致病Ⅳ型 3 级、3 级，致病Ⅴ型 5 级、3 级；中感稻瘟病，中抗Ⅳ型、中感Ⅴ型白叶枯病。

产量表现：2017 年参加广西桂中、桂北一季稻和高寒山区中稻组自主联合生产试验，平均亩产 572.6 千克，比对照深两优 5814 增产 2.8%；2018 年续试，平均亩产 540.03 千克，比对照深两优 5814 增产 5.12%；两年试验平均亩产 556.31 千克，比对照深两优 5814 增产 3.96%。

栽培要点：（1）该组合株型较紧凑，分蘖力中上，最好选中高水肥田块种植，充分发挥其增产潜力。（2）适时播种和移栽：桂中、桂北作早稻或中稻 3 月～6 月 20 日前均可播种；高寒山区作中稻 4 月中、下旬播种；适宜移栽叶龄 4～4.5 叶，抛秧叶龄 3.0～3.5 叶。（3）肥水管理：应重视早施重施分蘖肥，适时补施穗粒肥；本田每亩基肥施农家肥 1000～1500 千克，每亩施纯氮 10～12 千克，氮、磷、钾比例为 1 ∶ 0.8 ∶ 1.1；前期施肥量占总肥量 85%～95%。生长前期浅水灌溉促分蘖，移栽后 20～25 天争取总苗达到预期最后有效穗的 85% 左右，即可露晒田，抽穗保水层，齐穗后干湿交替到黄熟。（4）加强稻瘟病、白叶枯病等病虫害的防治。

审定意见：该品种符合广西稻品种审定标准，通过审定，可在桂中和桂北稻作区作早稻或中稻、高寒山区作中稻种植；桂南稻作区作早、晚稻应根据品种试验示范生育期选择适宜的种植季节种植。注意稻瘟病等病虫害的防治。

174. 汕优 402

亲本来源：珍汕 97A（♀）R402（♂）

选育单位：湖南省耒阳市种子公司

品种类型：籼型三系杂交水稻

2001 年广西审定，编号：桂审稻 2001071 号

品种来源：湖南耒阳市种子公司用珍汕 97A 与父本 R402 配组而成的感温型早熟组合。桂林市种子公司于 1992 年引进。

报审单位：桂林市种子公司

特征特性：桂北早造种植，全生育期 112 ～ 115 天。株型集散适中，剑叶短直，株高 90 厘米左右，分蘖力较强，繁茂性好，耐肥抗倒，亩有效穗 18 万～ 20 万，每穗总粒数 110 ～ 130 粒，结实率 80% 左右，千粒重 28 克，田间种植表现抗稻瘟病能力强，适应性广。

产量表现：1994-1995 年早造参加桂林地区区试，平均亩产分别为 487.5 千克和 490.6 千克，比对照威优 48 增产 10.6% 和 12.7%。1994—2001 年桂林市累计种植面积 16 万亩，一般亩产 450 ～ 500 千克。

栽培要点：参照同熟期籼型杂交稻组合栽培。

制种要点：（1）桂北早制父母本叶龄差为 -0.5 叶，晚制母本先播 5 天。（2）适时适量喷施九二〇，在母本始穗 5% ～ 8% 时开始喷，每亩用量 16 ～ 18 克。

自治区品审会意见：经审核，桂林市农作物品种评审小组评审通过的汕优 402，符合广西水稻品种审定标准，通过审定，可在桂中、桂北作早稻推广种植。

175. 川香 858

亲本来源：川香 29A（♀）泸恢 8258（♂）

选育单位：四川省农业科学院水稻高粱研究所；四川省农业科学院作物研究所

品种类型：籼型三系杂交水稻

2010 年湖南引种，编号：湘引种 201019 号

2006 年四川审定，编号：川审稻 2006001

品种来源：用四川省农业科学院作物研究所育成的不育系川香 29A 与四川省农业科学院水稻高粱研究所育成的恢复系泸恢 8258 组配而成的中籼迟熟杂交稻组合。

特征特性：该品种全生育期 152.4 天，比对照汕优 63 长 4 天。株高 118 厘米，该组合株型紧散适中，叶鞘、叶缘、柱头均为紫色，分蘖力中上，转色好，落粒性适中。亩有效穗 15.4 万，穗长 25.02 厘米，每穗平均着粒 172.93 粒，结实率 80%，千粒重 29.44 克。品质测定：糙米率 81.2%，精米率 73.8%，整精米率 57.4%，粒长 6.8 毫米，长宽比 2.8，垩白粒率 28%，垩白度 4.4%，透明度 1 级，碱消值 6.5 级，胶稠度 77 毫米，直链淀粉含量 24.3%，蛋白质含量 9.3%。稻瘟病抗性鉴定：2004 年叶瘟 1、5、3、5 级，颈瘟 1、9、5、7 级；2005 年叶瘟 4、5、5、8 级，颈瘟 1、3、5、7 级。

产量表现：2004 年参加四川省中籼迟熟优质 B1 组区试，平均亩产 558.36 千克，比对照汕优 63 增产 7.47%；2005 年中籼迟熟优质一组续试，平均亩产 528.07 千克，比对照汕优 63 增产 7.35%。两年平均亩产 543.22 千克，比对照汕优 63 增产 7.41%。2005 年生产试验平均亩产 525.4 千克，比对照汕优 63 增产 5.63%。两年区试平均增产点次 86.7%。

栽培要点：（1）适时播种，培育壮秧。（2）亩栽 1.2 万～ 1.5 万穴，每穴栽 2 粒谷秧苗。（3）重底早追、氮磷钾配合施肥，一般亩施 8 ～ 10 千克，氮纯 20 千克，过磷酸钙 5 千克，钾肥作底肥，栽后 7 天施 3 千克纯氮作追肥。

（4）根据植保预测预报，综合防治病虫害。

适宜种植地区：四川平坝和丘陵地区作一季中稻种植。

176. 金优555（神农稻105；神农105）

亲本来源：金23A（♀）R555（♂）

选育单位：海南神农大丰种业科技股份有限公司

品种类型：籼型三系杂交水稻

适种地区：湖南稻瘟病轻发区作双季早稻种植

海南神农大丰种业科技股份有限公司用不育系金23A与自选恢复系555配组育成的杂交早籼组合（何顺武等，2006）。

2006年湖南审定，编号：湘审稻2006008

特征特性：该品种属三系杂交迟熟早籼。在我省作双季早稻栽培，全生育期111天左右。株高约91厘米，株型偏紧，植株整齐，茎秆粗壮坚韧，分蘖力强，后期落色好，叶色淡绿，属叶下禾。叶鞘紫色，稃尖紫色，颖壳黄色。省区试结果：每亩有效穗21.5万～24.6万穗，每穗总粒数117粒，结实率74.1%，千粒重25.2克。抗性：叶瘟7级，穗瘟9级，高感稻瘟病；白叶枯病7级，感白叶枯病。米质：糙米率81.1%，精米率71.6%，整精米率55.0%，粒长6.3毫米，长宽比2.6，垩白粒率100%，垩白度32.8，透明度4级，碱消值5.4级，胶稠度74毫米，直链淀粉含量26.1%，蛋白质含量10.9%。

产量表现：2003年省区试平均亩产454.28千克，同于对照金优402；2004年续试平均亩产485.02千克，比对照减产0.49%，不显著；两年区试平均亩产469.65千克，比对照减产0.25%，日产4.21千克，比对照高0.05千克。

栽培方法：在我省作早稻栽培，湘中3月下旬播种，湘南可适当提早，湘北可适当推迟；每亩大田用种量3～3.5千克；种植密度16.7厘米×20厘米，每穴插4～5苗，每亩插足8万基本苗；中肥水平栽培，施足基肥，早施追肥；搞好田间管理，及时晒田，注意病虫防治特别是稻瘟病的防治。

审定意见：该品种达到审定标准，通过审定。适宜在我省稻瘟病轻发区作双季早稻种植。

177. 五优 1573（五优航 1573）

亲本来源：五丰 A（♀）跃恢 1573（♂）

选育单位：江西省超级水稻研究发展中心；江西汇丰源种业有限公司；广东省农业科学院水稻研究所

品种类型：籼型三系杂交水稻

江西省超级水稻研究发展中心和江西汇丰源种业有限公司利用五丰 A 与自育的恢复系跃恢 1573 配组育成的优质杂交晚籼稻组合（毛凌华等，2014）

2014 年江西审定，编号：赣审稻 2014020

选育单位：江西省超级水稻研究发展中心、江西汇丰源种业有限公司、广东省农业科学院水稻研究所

品种来源：五丰 A× 跃恢 1573（R225/R752 航天搭载）杂交选配的杂交晚稻组合

特征特性：全生育期 123.1 天，比对照天优 998 早熟 0.8 天。该品种株型适中，叶片挺直，田间植株长相清秀，分蘖力强，稃尖紫色，穗粒数多、着粒密，结实率高，千粒重小，熟期转色好。株高 98.9 厘米，亩有效穗 21.2 万，每穗总粒数 146.9 粒，实粒数 121.9 粒，结实率 83.0%，千粒重 23.0 克。出糙率 80.8%，精米率 71.0%，整精米率 64.3%，粒长 6.2 毫米，粒型长宽比 2.8，垩白粒率 17%，垩白度 1.9%，直链淀粉含量 20.0%，胶稠度 50 毫米。米质达国优 2 级。稻瘟病抗性自然诱发鉴定：穗颈瘟为 9 级，高感稻瘟病。

产量表现：2012—2013 年参加江西省水稻区试，2012 年平均亩产 563.33 千克，比对照天优 998 增产 3.66%；2013 年平均亩产 558.76 千克，比对照天优 998 增产 3.73%。两年平均亩产 561.05 千克，比对照天优 998 增产 3.70%。

适宜地区：江西省稻瘟病轻发区种植。

栽培要点：6 月 20–23 日播种，秧田播种量每亩 10.0 ～ 15.0 千克，大田

用种量每亩1.5千克。秧龄25～28天。栽插规格5寸×6寸，每穴插2粒谷。施足基肥，基肥占总肥量的60%，早施追肥，中后期看苗补肥，适增磷钾肥。深水返青，浅水促蘖，够苗晒田，浅水孕穗，干湿壮籽，后期不要断水过早。及时防治稻瘟病、二化螟、稻纵卷叶螟、稻飞虱等病虫害。

178. 天丰优3550（天优3550）

亲本来源：天丰A（♀）广恢3550（♂）

选育单位：广东省农业科学院水稻研究所

品种类型：籼型三系杂交水稻

广东省农科院水稻研究所用不育系天丰A与自选恢复系广恢3550配组育成的弱感光型三系杂交晚籼稻组合，于2002年早造测交（李曙光等，2010；程俊彪等，2008；梁世胡等，2007）

2006年广西审定，编号：桂审稻2006045号

特征特性：该品种属感光型三系杂交水稻。桂南晚稻种植，全生育期121天左右，比对照博优253早熟1～2天。主要农艺性状（平均值）表现：群体整齐，分蘖力一般，株型适中，叶鞘、稃尖紫色，穗短粒多，熟期转色较好，每亩有效穗数17.6万，株高101.8厘米，穗长21.7厘米，每穗总粒数154.9粒，结实率79.8%，千粒重24.7克，谷粒长8.3毫米，长宽比3.1。米质：糙米率81.6%，整精米率61.6%，长宽比2.5，垩白米率42%，垩白度5.5%，胶稠度60毫米，直链淀粉含量23.3%。人工接种抗性：苗叶瘟5级，穗瘟5级，穗瘟损失率15%，综合抗性指数5.0，稻瘟病的抗性评价中为感；白叶枯病9级。

产量表现：2004年晚稻参加玉林市感光组筛选试验，五个试点平均亩产468.7千克，比对照博优523增产6.9%；2005年晚稻区域试验，四个试点平均亩产523.9千克，比对照博优253增产5.8%（不显著）；2005年生产试验平均亩产492.8千克，比对照博优253增产4.9%。

栽培要点：（1）适时播种，培育多蘖壮秧。桂南7月上旬播种，桂中稻作

区南部如武宣、象州、兴宾、宜州等地6月底播种，秧龄18～22天。（2）合理密植。插植规格23厘米×13厘米或26厘米×13厘米，每蔸栽2粒谷苗，或亩抛秧1.8万～2.2万蔸。（3）肥水管理：氮、磷、钾肥配合施用，施足基肥，早施重施攻蘖肥，巧施攻胎肥，促进穗大粒多，后期看苗施好壮尾肥；浅水回青，薄水分蘖，中期够苗晒田，穗期保持水层，后期干湿交替到成熟，忌断水过早。（4）及时防治病虫害。

审定意见：经审核，该品种符合广西水稻品种审定标准，通过审定，可在桂南稻作区和桂中稻作区南部种植博优桂99的地区作晚稻种植。

179. 汕优96

亲本来源：珍汕97A（♀）R96（♂）

选育单位：广东省农业科学院水稻研究所

品种类型：籼型三系杂交水稻

适种地区：广东省

1994年广东审定，编号：粤审稻1994003

特征特性：感温型杂交稻组合。中熟，全生育期早造120～126天，与汕优64相当。株高95厘米，株型集散适中，分蘖力强，亩有效穗18万～20万，每穗总粒数115～125粒，结实率约85%，千粒重25克左右。稻米外观品质为早造三级。稻瘟病全群抗性61%，其中中C群、中B群分别为55.22%和57.14%，白叶枯病7级为感。

产量表现：1991—1992年早造参加省区试，亩产450.85～422.40千克，比对照汕优64增产2.23%～2.84%，增产不显著。1992年参加华南四省联合鉴定，亩产482.2千克，比对照威优64增产9.9%，增产极显著。

适宜范围：适宜我省各地早造种植。

栽培要点：（1）秧田亩播种量10千克左右。（2）插足基本苗，亩要求基本苗8万～10万，争取有效穗17万～19万。（3）施足基肥，早施分蘖肥。（4）注意防治稻瘟病和白叶枯病。

180. 金优 2155（明优 02）

亲本来源：金 23A（♀）明恢 2155（♂）

选育单位：福建省三明市农业科学研究所

完成人：许旭明；张受刚；卓伟；马彬林；杨腾帮；范祖军；杨旺兴

品种类型：籼型三系杂交水稻

适种地区：福建、陕西、广西

2005 年福建审定，编号：闽审稻 2005002

特征特性：省区试两年平均全生育期 123.3 天，比对照威优 77 迟熟 1.4 天。株型适中，分蘖力较强，后期转色好，但较易倒伏。每亩有效穗数 21.2 万，株高 104.4 厘米，穗长 23.7 厘米，每穗总粒数 131.6 粒，结实率 81.07%，千粒重 26.4 克。两年抗瘟鉴定综合评价为感（S）稻瘟病。米质检测结果，糙米率 79.3%，精米率 69.0%，整精米率 28.8%，粒长 6.7 毫米，长宽比 3.0，垩白率 26%，垩白度 6.3%，透明度 2 级，糊化温度 3 级，胶稠度 53 毫米，直链淀粉含量 22.4%，蛋白质含量 7.5%。

产量表现：2002 年参加省早籼迟熟组区试，平均亩产 499.13 千克，比对照威优 77 增产 2.81%，达极显著水平。2003 年续试，平均亩产 501.44 千克，比对照威优 77 增产 7.62%，达极显著水平。2004 年生产试验平均亩产 499.22 千克，比对照威优 77 增产 5.43%。

栽培要点：作早稻种植，宜在 3 月上中旬播种，秧田播种量 15 千克 / 亩，秧龄宜控制在 35 天以内。丛插带蘖秧 2 粒谷，每亩插足基本苗 3 万以上。基肥着重施用农家肥，每亩施纯氮 12 ～ 15 千克，氮磷钾比为 1 ∶ 0.5 ∶ 0.7，基肥、分蘖肥、穗肥的比例为 5 ∶ 3 ∶ 2。注意防治稻瘟病，及时防治纹枯病和螟虫、稻飞虱和稻纵卷叶螟。

省品审会审定意见：金优 2155 属迟熟早籼三系杂交稻组合，作早稻种植全生育期 123 天左右，比对照威优 77 迟熟 1 天，株型适中，分蘖力较强，丰产性较好，感稻瘟病。适宜福建省低海拔稻瘟病轻发区作早稻种植，栽培上应

注意防止倒伏和防治稻瘟病。经审核，符合福建省品种审定规定，通过审定。

181. 金优 71

亲本来源：金 23A（♀）R71（♂）

选育单位：江西省宜黄县种子公司；江西省种子公司

品种类型：籼型三系杂交水稻

2001 年江西审定，编号：赣审稻 2001004

选育单位：中国水稻所、宜黄县种子公司、江西省种子公司、江西省种子管理站

特征特性：全生育期 110 天左右，比金优 402 早熟 4 天左右。株高 88 厘米，株型紧凑，分蘖力强，有效穗多，穗型偏小，后期落色好。亩有效穗 25.9 万，穗长 18.9 厘米，每穗总粒数 94 粒，结实率 80.4%，千粒重 25.3 克。糙米率 81.4%，精米率 72.4%，整精米率 28.9%，粒长 6.8 毫米，长宽比 3.4，垩白粒率 83.5%，垩白度 20.5，透明度 3 级，糊化温度 4.7 级，胶稠度 50.0 毫米，直链淀粉含量 18.2%。叶瘟 7 级，穗瘟 9 级。

产量表现：一般大田平均亩产 400 ～ 450 千克。

栽培要点：适时播种，培育壮秧；插足基本苗，亩插 2.5 万蔸左右，亩 10 万基本苗；施足底肥，早追肥，早施重施追肥促早发，亩施 25 千克碳铵，25 千克过磷酸钙作底肥，要求移栽后 7 天内施入 60% 的追肥，以弥补金优 71 生育期短而有效穗不足的矛盾，后期少施氮肥，注意防治稻瘟病。

182. 隆晶优 1 号

亲本来源：隆晶 4302A（♀）华恢 2855（♂）

选育单位：湖南亚华种业科学研究院

完成人：符辰建；杨远柱；秦鹏；胡小淳；彭勇；杨广；宋永邦；张章；

符星学

品种类型：籼型三系杂交水稻

2021年国家审定，编号：国审稻20216160

申请者：袁隆平农业高科技股份有限公司

育种者：袁隆平农业高科技股份有限公司、湖南亚华种业科学研究院

品种来源：隆晶4302A×华恢2855

特征特性：籼型三系杂交水稻品种。在长江中下游作麦茬稻种植，全生育期127.6天，比对照五优308早熟0.1天。株高118.5厘米，穗长25.8厘米，每亩有效穗数17.1万穗，每穗总粒数180.1粒，结实率85.6%，千粒重27.3克。抗性：稻瘟病综合指数两年分别为3.3、3.2，穗颈瘟损失率最高级5级，白叶枯病7级，褐飞虱9级，高感褐飞虱，中感稻瘟病，感白叶枯病，耐冷性一般。米质主要指标：整精米率61.1%，垩白度1.8%，直链淀粉含量15.8%，胶稠度62毫米，碱消值6.5级，长宽比3.4，达到农业行业《食用稻品种品质》标准二级。

产量表现：2019年参加长江中下游麦茬籼稻组区域试验，平均亩产655.41千克，比对照五优308增产1.98%；2020年续试，平均亩产591.74千克，比对照五优308减产2.72%；两年区域试验平均亩产623.57千克，比对照五优308减产0.37%；2020年生产试验，平均亩产595.39千克，比对照五优308减产1.15%。

栽培要点：（1）适时播种，培育壮秧。在长江中下游作麦茬稻种植，根据当地生态条件，适时播种，稀播匀播，培育多蘖壮秧。秧田播种量每亩10千克，大田亩用种量1～1.50千克。（2）适龄移栽，插足基本苗。秧苗叶龄4.5叶移栽，秧龄控制在25天左右；插植规格20.0厘米×20.0厘米，每蔸插2粒谷秧，每亩插足基本苗6万以上。（3）合理施肥，科学管水。需肥水平中等，一般亩施纯氮9～10千克、五氧化二磷6千克、氯化钾6.5千克。采取重施底肥，早施追肥，中后期严控偏施氮肥。搞好水分管理，够苗及时晒田，孕穗期至抽穗期保持田面有浅水，灌浆期保持田面有水，收割前7～10天断水，忌断水过早，以防早衰和影响品质。（4）病虫防治。坚持强氯精浸种；秧田期抓好稻飞虱防治以预防南方黑条矮缩病；大田期根据病虫预报，及时施

药防治稻瘟病、白叶枯病、南方黑条矮缩病、稻曲病、纹枯病、螟虫、稻纵卷叶螟、稻飞虱等病虫害。（5）适时收割。稻谷黄熟90%时及时收获，收割后不暴晒，确保稻米综合品质优良。

审定意见：该品种符合国家稻品种审定标准，通过审定。适宜在湖北省（武陵山区除外）、安徽省和河南省的籼稻稻瘟病轻发区作麦茬稻种植。

183. T优7889

亲本来源：T78A（♀）早恢89（♂）

选育单位：福建农林大学作物遗传育种研究所；福建省种子总站

品种类型：籼型三系杂交水稻

T78A与早恢89配制（潘润森等，2001）

2001年福建审定，编号：闽审稻2001002

品种来源：福建农林大学作物遗传育种研究所、福建省种子总站选育而成，亲本组合为T78A/早恢89。

特征特性：株高95厘米，穗粒数113粒，结实率79.1%，千粒重25.4克。早籼迟熟组合，作早稻全生育期129天，株型集散适中，抽穗期较长；中感稻瘟病；糙米率80.9%，精米率73.0%，整精米率58.5%，粒长6.1毫米，长宽比2.7，垩白粒率32%，垩白度3.8%，透明度2级，碱消值5.8级，胶稠度50毫米，直链淀粉含量21.0%，蛋白质含量9.3%，米质较优。

产量表现：1999年福建省早稻优质稻组区试，平均亩产437.4千克，比对照78130增产7.12%；2000年续试，平均亩产458.6千克，比对照78130增产8.61%。

栽培要点：（1）施足基肥，早施分蘖肥。（2）浅水促蘖，适时烤田，控制无效分蘖，增强分蘖成穗率。（3）注意防治稻瘟病。

适宜种植区域：适宜福建省闽东南及闽西北平原稻瘟病轻发区作早稻种植。

184. 川香 8 号

亲本来源：川香 29A（♀）成恢 157（♂）

选育单位：四川省农业科学院作物研究所

品种类型：籼型三系杂交水稻

适种地区：贵州、湖南、湖北、重庆的武陵山区海拔 800 米以下稻区、江西、湖南、湖北、安徽、浙江、江苏的长江流域稻区以及福建北部、河南南部稻区

四川省农业科学院作物研究所用川香 29A 与恢复系成恢 157 配组选育而成的香型杂交中籼新组合（陆贤军等，2009）。

2010 年国家审定，编号：国审稻 2010042

特征特性：该品种属籼型三系杂交水稻。在武陵山区作一季中稻种植，全生育期平均 147.8 天，比对照Ⅱ优 58 长 2.2 天。株型适中，颖尖紫色，每亩有效穗数 16.9 万穗，株高 113.0 厘米，穗长 24.5 厘米，每穗总粒数 159.4 粒，结实率 79.8%，千粒重 29.3 克。抗性：稻瘟病综合指数 1.8，穗瘟发病率 5 级，穗瘟损失率最高级 1 级；纹枯病 7 级；稻曲病 7 级。米质主要指标：整精米率 60.8%，长宽比 2.8，垩白粒率 44%，垩白度 3.8%，胶稠度 58 毫米，直链淀粉含量 21.8%。

产量表现：2007 年参加武陵山区中籼组品种区域试验，平均亩产 537.3 千克，比对照Ⅱ优 58 增产 0.5%（不显著）；2008 年续试，平均亩产 605.2 千克，比对照Ⅱ优 58 增产 2.9%（显著）。两年区域试验平均亩产 571.2 千克，比对照Ⅱ优 58 增产 1.7%，增产点比率 61.9%。2009 年生产试验，平均亩产 563.7 千克，比对照Ⅱ优 58 增产 2.7%。

栽培要点：（1）育秧：适时播种，培育壮秧。（2）移栽：控制秧龄，适时移栽，合理密植，一般每亩栽插 1.6 万穴左右。（3）肥水管理：需肥量中等，施足基肥，早施追肥，注意氮、磷、钾肥配合施用，一般每亩可施纯氮 8 ～ 10 千克，磷肥 25 ～ 30 千克，钾肥 15 ～ 20 千克。灌溉管理做到深水返

青，浅水促蘖，够苗搁田，湿润孕穗，薄水扬花，中后期干湿相间，切忌过早断水。（4）病虫防治：注意及时防治稻瘟病、纹枯病、螟虫、稻飞虱、稻曲病等病虫害。

审定意见：该品种符合国家稻品种审定标准，通过审定。熟期适中，产量较高，中感稻瘟病，感纹枯病和稻曲病，米质较优。适宜在贵州、湖南、湖北、重庆的武陵山区海拔800米以下稻区作一季中稻种植。

185. 威优30

亲本来源：威20A（♀）IR30（♂）

选育单位：福建省农科院稻麦所

品种类型：籼型三系杂交水稻

1983年福建审定，编号：闽审稻1983015

品种来源：福建省农科院稻麦研究所于1978年用“威20”不育系与“IR30”组配的杂交水稻组合。

特征特性：感光、晚稻型，不宜作早稻种植。在三明地区作双季晚稻种植，全生育期145～150天；作单季晚稻栽培，全生育期为170～180天。株高95～105厘米，株形紧凑。根系发达，分蘖力强，茎秆粗壮。主茎叶数17～18片，叶片宽大，厚而挺直，叶色浓绿，叶鞘紫色，后期转色好。穗大，粒多，粒重，每穗130～140粒，结实率70%～75%。谷粒长圆形、短芒，千粒重27～28克。米色白、食味佳。该品种对温度、土壤、肥料要求较高，穗期如遇低温，会出现包颈，使结实率降低。抗白叶枯病及稻飞虱，轻感稻瘟病及纹枯病。

栽培要点：（1）适时早播早插。在海拔200米以下地区作连作晚稻栽培，6月中旬前后播种。海拔300～500米地区作单季稻栽培，4月中下旬播种。600米以上山区，因不能安全齐穗，不宜种植。（2）科学管理肥水。施肥掌握基肥足、苗肥速、穗肥巧的原则，并注意穗粒肥的施用，一般在幼穗分化前期，每亩施7.5～10千克硫铵作穗肥，齐穗期温度偏低，应补施适量氮、磷肥，以提高结实率和千粒重。管水方面做到前浅、中晒、后湿润，在中期应多次晒田，促进壮秆长新根。抽穗期田面保持浅水，以防干冷风。后期保持干干湿湿，不宜过早断水，保根防早衰。（3）适当密植。每亩插植2万丛左右，每丛插2粒苗，以保证基本苗。

适应地区和产量水平：主要分布在福建三明、龙岩、宁德、晋江等地区。一般亩产400～500千克，高的达到600千克。

186. 神农大丰稻101［神农（稻）101；神农101］

亲本来源：金23A（♀）R166（♂）

选育单位：海南神农大丰种业科技股份有限公司

完成人：何顺武；张跃飞；席建民；杨青如

品种类型：籼型三系杂交水稻

2005年江西审定，编号：赣审稻2005011

品种来源：不育系金23A×R166（R402/辐26）杂交选配的杂交早稻组合。

特征特性：全生育期111.1天，比对照金优402迟熟0.7天。该品种株型适中，长势繁茂，叶色浓绿，剑叶短挺，分蘖力较强，成穗率高，穗长粒稀，结实率高，后期落色好。株高87.9厘米，亩有效穗25.3万，每穗总粒数97.8粒，每穗实粒数77.9粒，结实率79.7%，千粒重26.6克。出糙率82.6%，精米率67.4%，整精米率31.9%，垩白粒率57%，垩白度8.6%，直链淀粉含量19.30%，胶稠度57毫米，粒长7.2毫米，长宽比3.1，透明度3级，碱消值5级。稻瘟病抗性自然诱发鉴定：苗瘟0级，叶瘟2级，穗瘟0级。

产量表现：2003—2004年参加江西省水稻区试，2003年平均亩产482.88千克，比对照金优402增产2.03%；2004年平均亩产492.91千克，比对照金优402增产1.76%。

适宜地区：赣中南地区种植。

栽培要点：3月20—25日播种，亩大田用种2千克。秧龄30天左右，栽

插规格5寸×6寸，每穴6～7根苗。底肥以农家肥和三元复合肥为主，插后7天追施氮肥和钾肥，抽穗前5天看苗补肥。浅水灌溉，及时晒田，后期干干湿湿。注意防治病虫害。

187. T优15

亲本来源：T98A（♀）R15（♂）

选育单位：湖南怀化奥谱隆作物育种工程研究所

品种类型：籼型三系杂交水稻

优质不育系T98A为母本与恢复系R15测配选育而成的三系杂交早稻组合（张振华等，2009）

2007年国家审定，编号：国审稻2007005

特征特性：该品种属籼型三系杂交水稻。在长江中下游作早稻种植，全生育期平均109.9天，比对照浙733迟熟2.6天。株型适中，熟期转色好，每亩有效穗数22.8万穗，株高91.7厘米，穗长21.4厘米，每穗总粒数120.6粒，结实率77.5%，千粒重24.4克。抗性：稻瘟病综合指数6.3级，穗瘟损失率最高9级；白叶枯病7级。米质主要指标：整精米率52.6%，长宽比2.7，垩白粒率92%，垩白度11.7%，胶稠度74毫米，直链淀粉含量25.4%。

产量表现：2005年参加长江中下游早籼早中熟组品种区域试验，平均亩产494.79千克，比对照浙733增产4.58%（极显著）；2006年续试，平均亩产477.77千克，比对照浙733增产4.04%（极显著）；两年区域试验平均亩产486.28千克，比对照浙733增产4.32%。2006年生产试验，平均亩产421.24千克，比对照浙733增产1.65%。

栽培要点：（1）育秧：适时播种，适宜大田直播、旱育抛秧和常规水育秧栽培，大田每亩用种量2～2.5千克，稀播、匀播，培育壮秧。（2）移栽：旱育秧3.5～4叶移（抛）栽，水育秧5～5.5叶移栽，秧龄25～30天。合理密植，栽插规格16.7厘米×20厘米，每穴栽插2～3粒谷苗，每亩栽插9万～10万基本苗。（3）肥水管理：需肥水平中等，大田每亩施400～500千克有机

肥混配 25 ～ 30 千克复合肥作基肥，移栽返青后每亩追施 8 ～ 10 千克尿素和 6 ～ 8 千克氯化钾，看苗补施穗粒肥。采取浅水与湿润间歇灌溉促蘖，够苗及时搁田，孕穗中后期和抽穗扬花期保持浅水，灌浆结实期干湿交替，收割前 6 ～ 7 天断水。（4）病虫防治：注意及时防治稻瘟病、白叶枯病、纹枯病、稻纵卷叶螟、二化螟、稻飞虱、稻秆潜叶蝇等病虫害。

审定意见：该品种符合国家稻品种审定标准，通过审定。该品种熟期较迟，产量较高，米质一般，高感稻瘟病，感白叶枯病。适宜在江西、湖南、安徽、浙江的稻瘟病、白叶枯病轻发的双季稻区作早稻种植。

188. Q 优 108（庆优 9 号）

亲本来源：Q1A（♀）Q 恢 108（♂）

选育单位：重庆市种子公司

品种类型：籼型三系杂交水稻

适种地区：云南省、贵州省、重庆市的中低海拔籼稻区（武陵山区除外）、四川省平坝丘陵稻区、陕西省南部稻区的稻瘟病轻发区作一季中稻种植

重庆市种子公司用自育不育系 Q1A 与 Q 恢 108 配组育成的迟熟中籼杂交水稻组合（李顺武等，2007；李贤勇等，2007）

2006 年国家审定，编号：国审稻 2006077

特征特性：该品种属籼型三系杂交水稻。在长江上游作一季中稻种植，全生育期平均 154.8 天，比对照汕优 63 迟熟 2.6 天。株型适中，叶挺，每亩有效穗数 16.5 万，株高 113.3 厘米，穗长 24.6 厘米，每穗总粒数 180.3 粒，结实率 81.2%，千粒重 26.5 克。抗性：穗瘟病平均 7.0 级，最高 9 级，抗性频率 57.1%。米质主要指标：整精米率 66.6%，长宽比 2.5，垩白粒率 27%，垩白度 2.7%，胶稠度 64 毫米，直链淀粉含量 17.2%。

产量表现：2004 年参加长江上游中籼迟熟组区域试验，平均亩产 603.72 千克，比对照汕优 63 增产 5.59%（极显著）；2005 年续试，平均亩产 617.3 千克，比对照汕优 63 增产 7.71%（极显著）；两年区域试验平均亩产 610.53

千克，比对照汕优 63 增产 6.65%。2005 年生产试验平均亩产 553.12 千克，比对照汕优 63 增产 10.95%。

栽培要点：（1）育秧：根据各地中籼生产季节适时播种，用地膜覆盖湿润育秧或旱育抛秧，稀播匀播培育多蘖壮秧，每亩大田用种量 1 千克。（2）移栽：秧苗 4.5 叶左右移栽，每亩栽插 1.2 万～ 1.5 万穴，每穴 2 粒谷苗。（3）肥水管理：中等肥力田每亩施纯氮 10 千克、五氧化二磷 6 千克、氧化钾 8 千克。磷肥全作底肥；氮肥 60% 作底肥、30% 作追肥、10% 作穗粒肥；钾肥 60% 作底肥、40% 作穗粒肥。追肥在移栽后 7 ～ 10 天施用，穗粒肥在拔节期施用。水浆管理上，前期浅水灌溉，中期轻搁田，后期保持湿润，不可过早断水。（4）病虫防治：在抽穗前 10 天左右防治一次纹枯病，及时防治稻瘟病、稻飞虱等病虫害。

审定意见：该品种符合国家稻品种审定标准，通过审定。该品种熟期适中，产量高，高感稻瘟病，米质较优。适宜在云南省、贵州省、重庆市的中低海拔籼稻区（武陵山区除外）、四川省平坝丘陵稻区、陕西省南部稻区的稻瘟病轻发区作一季中稻种植。

189. 又香优龙丝苗

亲本来源：又香 A（♀）龙丝苗（♂）

选育单位：广西兆和种业有限公司

完成人：何懿；覃庆炜；余明丽；龙凤祝

品种类型：籼型三系杂交水稻

2022 年湖南审定，编号：湘审稻 20220059

申请者：湖南金色农华种业科技有限公司、广西兆和种业有限公司

育种者：湖南金色农华种业科技有限公司、广西兆和种业有限公司

品种来源：又香 A× 龙丝苗

特征特性：籼型三系杂交晚稻迟熟品种。在湖南省作迟熟晚稻栽培，全生育期 121.9 天，比对照天优华占长 1.6 天，株高 114.6 厘米，亩有效穗 20.3

万穗，每穗总粒数 177.7 粒，结实率 79.9%，千粒重 21.6 克。抗性：叶瘟 3.7 级，穗瘟 6.7 级，穗瘟损失率 3.7 级，稻瘟病综合抗性指数 4.4，白叶枯病 5.0 级，稻曲病 6.5 级。米质主要指标：糙米率 80.6%，精米率 70.9%，整精米率 55.1%，粒长 7.5 毫米，长宽比 4.6，垩白粒率 11%，垩白度 1.9%，透明度 1 级，碱消值 6.7 级，胶稠度 64 毫米，直链淀粉含量 16.3%。2020 年湖南省第十三次优质稻品种评选中，被评为二等优质稻品种。

产量表现：2019 年参加湖南省潇湘联合体晚稻迟熟组区域试验，平均亩产 623.1 千克，比对照增产 0.2%；2020 年续试，平均亩产 606.1 千克，比对照增产 3.7%；两年区域试验平均亩产 614.6 千克，比对照增产 2.0%。2020 年生产试验，平均亩产 541.5 千克，比对照增产 1.2%。

栽培要点：6 月中旬播种，秧田亩播种量 10.0 千克，大田亩用种量 1.5 千克，秧龄 26 天以内。种植密度 20.0 厘米 ×20.0 厘米，每穴插 2 粒谷秧，亩基本苗 9 万左右。需肥水平中等，重施底肥，早施追肥，严控中后期偏施氮肥。深水活蔸，浅水分蘖，适时晒田，有水抽穗，后期干干湿湿，不宜脱水过早。注意防治螟虫、稻纵卷叶螟、稻飞虱、白叶枯病、稻曲病、纹枯病、南方黑条矮缩病、稻瘟病等病虫害。

审定意见：该品种经潇湘联合体试验，符合湖南省稻品种审定标准，通过审定。适宜在湖南省稻瘟病轻发区作迟熟晚稻种植。

190. 天优 103

亲本来源：天丰 A（♀）金恢 103（♂）

选育单位：广东省金稻种业有限公司

品种类型：籼型三系杂交水稻

2003 年晚季，以天丰 A 与自选恢复系金恢 103 杂交育成了早熟、抗稻瘟病三系杂交稻组合（孙莹等，2009）

2013 年湖南审定，编号：湘审稻 2013004

选育单位：广东省金稻种业有限公司、湖南金稻种业有限公司、广东省农

业科学院水稻研究所

品种来源：天丰 A× 金恢 103

特征特性：该品种属三系杂交迟熟早稻。省区试结果：在我省作早稻栽培，全生育期 113.6 天。株高 87.4 厘米，株型适中，生长势强，植株整齐，叶姿直立，叶鞘、稃尖紫红色，短顶芒，叶下禾，后期落色好。每亩有效穗 22.67 万穗，每穗总粒数 117.31 粒，结实率 82.35%，千粒重 27.72 克。抗性：叶瘟 3.55 级，穗颈瘟 5.30 级，稻瘟病抗性综合指数 3.62，白叶枯病抗性 4 级。米质：出糙率 81.8%，精米率 72.8%，整精米率 53.1%，粒长 7.2 毫米，粒型长宽比 3.0，垩白粒率 55%，垩白度 3.3%，透明度 2 级，碱消值 3.2 级，胶稠度 60 毫米，直链淀粉含量 22.6%。

产量表现：2011 年省区试平均亩产 517.00 千克，比对照陆两优 996 增产 2.93%，增产显著，2012 年省区试平均亩产 508.46 千克，比对照增产 5.54%，增产极显著。两年区试平均亩产 512.73 千克，比对照增产 4.24%，日产量 4.52 千克，比对照高 0.13 千克。

栽培要点：旱育秧 3 月 22 日左右播种，水育秧 3 月 28 日左右播种，每亩秧田播种量 12 千克，每亩大田用种量 2 ～ 2.5 千克。软盘抛秧 3.1 ～ 3.5 叶抛栽，旱育小苗 3.5 ～ 4.0 叶移栽，水育小苗 4.5 叶左右移栽。插植密度 16.5 厘米 ×20 厘米，每蔸插 2 ～ 3 粒谷秧。施肥水平中上，采取前重、中控、后补的施肥方法。分蘖期干湿相间，够苗及时晒田，后期以润为主，干干湿湿，保持根系活力。坚持强氯精浸种，及时施药防治二化螟、稻纵卷叶螟、稻飞虱、纹枯病、稻瘟病等病虫害。

审定意见：该品种达到审定标准，通过审定。适宜在我省稻瘟病轻发区作早稻种植。

191. 五丰优 569

亲本来源：五丰 A（♀）G569（♂）

选育单位：贵州省水稻研究所；广东省农科院水稻所；湖南六三种业有限

公司

品种类型：籼型三系杂交水稻

利用 G569 与不育系五丰 A 配组育成（周乐良等，2012）

2011 年湖南审定，编号：湘审稻 2011034

选育单位：贵州省水稻研究所、广东省农科院水稻所、湖南六三种业有限公司

品种来源：五丰 A×G569

特征特性：该品种属三系杂交中熟晚稻。省区试结果：在我省作双季晚稻栽培，全生育期 112 天。株高 104 厘米，株型适中，生长势强。叶鞘、稃尖紫红色，无芒，叶下禾，后期落色好。每亩有效穗 20.7 万穗，每穗总粒数 130.7 粒，结实率 78.6%，千粒重 27.0 克。抗性：平均叶瘟 4.8 级，穗瘟 7.3 级，稻瘟病综合抗性指数 5.6，高感稻瘟病，耐低温能力中等。米质：糙米率 80.9%，精米率 73.5%，整精米率 66.2%，粒长 6.2 毫米，长宽比 2.4，垩白粒率 54%，垩白度 7.0%，透明度 2 级，碱消值 4.8 级，胶稠度 82 毫米，直链淀粉含量 14.9%。

产量表现：2009 年省区试平均亩产 513.6 千克，比对照金优 207 增产 7.1%，极显著，2010 年省区试平均亩产 498.0 千克，比对照增产 8.88%，显著，两年区试平均亩产 505.8 千克，比对照增产 7.99%，日产量 4.51 千克，比对照高 0.22 千克。

栽培要点：在我省作双季晚稻种植，湘北 6 月 20 日左右播种，湘中、湘南 6 月 25 日前播种，每亩秧田播种量 12.5 千克，每亩大田用种量 1.5 千克，秧龄控制在 28 天以内，种植密度：根据肥力水平采用 16.5 厘米 ×20 厘米或 16.7 厘米 ×23 厘米，每蔸插 2 粒谷秧。基肥足，追肥速，中期补，氮、磷、钾结合施用，适当增加磷、钾肥用量。深水返青，浅水分蘖，及时晒田，有水壮苞抽穗，后期干干湿湿，不脱水过早。秧田要狠抓稻飞虱、稻叶蝉的防治，大田注意防治稻瘟病、纹枯病、稻飞虱等病虫害。

审定意见：该品种达到审定标准，通过审定。适宜在我省稻瘟病轻发区作双季晚稻种植。

192. T优618

亲本来源：T98A（♀）R611（♂）

选育单位：湖南隆平高科农平种业有限公司

完成人：廖翠猛

品种类型：籼型三系杂交水稻

适种地区：湖南省海拔800米以下稻瘟病轻发的山丘区作中稻种植

2010年重庆引种，编号：渝引稻2010001

选育单位：湖南隆平种业有限公司

特征特性：该组合属中籼中迟熟三系杂交水稻。在亩栽秧1.2万窝的密度下作中稻种植，海拔400米以下区域全生育期153～169天，400米以上141～171天，平均156.8天，比对照Ⅱ优838短1.7天。株高平均111.0厘米，株高适中，叶片直立，叶色较绿，分蘖力较强。亩有效穗数14.76万穗，穗平着粒数185.34粒，结实率86.2%，千粒重27.0克。稻瘟病抗性：综合评价7级，抗性评价感病。米质主要指标：糙米率79.5%，整精米率42.5%，长宽比2.8，垩白粒率16%，垩白度3.3%，胶稠度82毫米，直链淀粉含量21.9%。品质明显优于对照。

产量表现：两年区试，15个试验点次增产，1个减产，产量变幅494.2～602.8千克，平均亩产561.65千克，比对照Ⅱ优838增产5.69%。两年试验增产点率93.75%。

适宜区域及栽培要点：（1）适宜重庆市海拔800米以下地区作一季中稻种植。（2）渝西及沿江河谷地区3月上中旬播种，深丘及武陵山区适宜3月下旬至4月初播种。（3）每穴栽两粒谷苗，每亩1.0万～1.2万穴。（4）种子应进行包衣处理，特别注意稻瘟病防治。

193. 矮优 S

亲本来源：二九矮 4 号 A（♀）S（♂）

选育单位：江北县种子公司

品种类型：籼型三系杂交水稻

适种地区：四川平坝、丘陵低山区非稻瘟病区或轻病区

1985 年四川审定，编号：川审稻 7 号

194. 深优 957

亲本来源：深 95A（♀）α-7（♂）

选育单位：清华大学深圳研究生院

完成人：武小金

品种类型：籼型三系杂交水稻

适种地区：江西、湖南、湖北、浙江以及安徽长江以南的稻瘟病轻发的双季稻区

国家杂交水稻工程技术研究中心清华深圳龙岗研究所利用深 95A 与 α-7 配组育成的三系杂交水稻组合（侯贱茂等，2012）

2018 年福建审定，编号：闽审稻 20180002

申请单位：中国种子集团有限公司福建分公司、清华大学深圳研究生院

选育单位：清华大学深圳研究生院

品种来源：深 95A×α—7

特征特性：全生育期两年区试平均 129.5 天，比对照金优 2155 迟熟 1.9 天。群体整齐，株型适中。每亩有效穗数 18.3 万，株高 105.6 厘米，穗长 21.3 厘米，每穗总粒数 144.2 粒，结实率 85.32%，千粒重 26.7 克。两年稻瘟病抗性鉴定综合评价为中感稻瘟病。米质检测结果：糙米率 83.0%，整精米率

49.9%，垩白度 6.0%，透明度 2 级，碱消值 4.2 级，胶稠度 86 毫米，直链淀粉含量 22.6%。

产量表现：2015 年参加福建省早稻区试，平均亩产 507.69 千克，比对照金优 2155 增产 7.73%，达极显著水平；2016 年续试，平均亩产 520.81 千克，比对照金优 2155 增产 8.85%，达极显著水平。两年平均亩产 514.25 千克，比对照金优 2155 增产 8.29%。2017 年参加生产试验平均亩产 536.8 千克，比对照金优 2155 增产 8.2%。

栽培要点：作早稻种植，秧龄为 30 天。插植密度 18 厘米 ×20 厘米，丛插 1 ～ 2 粒谷。亩施纯氮 10 千克，氮、磷、钾比例为 1.0 ：0.6 ：1.0，基肥、分蘖肥、穗肥、粒肥比例为 5 ：3 ：1 ：1。水管采取浅水促蘖、适时烤田、有水抽穗、湿润灌浆、后期干湿交替。注意及时防治病虫害。

省农作物品种审定委员会审定意见：深优 957 属早籼三系杂交稻品种。全生育期 130 天左右，比对照金优 2155 迟熟 2 天；产量高，中感稻瘟病，米质一般。适宜福建省稻瘟病轻发区作早稻种植，栽培上中后期应控氮防倒伏，注意防治稻瘟病。经审核，符合福建省农作物品种审定规定，通过审定。

195. 福优 325

亲本来源：福伊 A（♀）恩恢 325（♂）

选育单位：湖北省恩施自治州红庙农科所

完成人：袁利群；杨隆维；向极钎

品种类型：籼型三系杂交水稻

适种地区：适宜在湖北、湖南、贵州以及重庆市的武陵山区海拔 800 米以下作一季中稻种植

湖北省恩施自治州红庙农科所以福伊 A 与自育恢复系恩恢 325 配组选育而成的中籼迟熟组合（袁利群等，2003）

2006 年贵州引种，编号：黔引稻 2006016 号

2003 年国家审定，编号：国审稻 2003070

特征特性：该品种属籼型三系杂交水稻。在武陵山区作一季中稻种植，全生育期150.5天，比对照汕优63迟熟0.5天。株高112.2厘米，生长势强，株叶形态适中，穗大粒多，后期熟相好。每亩有效穗17.7万穗，穗长24.7厘米，每穗总粒数153.7粒，结实率86.7%，千粒重27.9克。抗性：叶瘟3级，穗瘟3级。米质主要指标：整精米率67.2%，长宽比2.5，垩白米率66.0%，垩白度6.6%，胶稠度42毫米，直链淀粉含量20.5%。

产量表现：2001年参加武陵山区国家水稻品种区域试验，平均亩产620.0千克，比对照汕优63增产6.31%（极显著）；2002年续试，平均亩产553.0千克，比对照汕优63增产4.60%（极显著）。2002年生产试验平均亩产546.0千克，比对照汕优63增产2.60%。

栽培要点：（1）适时播种：一般在3月下旬播种，采用旱育早发技术，结合喷施多效唑或烯效唑，培育带蘖壮秧。（2）合理密植：每亩栽插2万～2.2万穴，每穴插2粒谷苗，每亩基本苗10万～12万株。（3）肥水管理：要施足底肥，早施分蘖肥，重施穗肥，酌情补施粒肥，特别注意磷、钾肥的配合施用；水浆管理要求寸水活棵，浅水分蘖，够苗晒田，后期进行湿润管理。（4）防治病虫：注意防治苗期恶苗病和二化螟、稻飞虱等病虫的危害。

国家品审会审定意见：经审核，该品种符合国家稻品种审定标准，通过审定。该品种中抗稻瘟病，易感恶苗病，纹枯病稍重。米质中等。适宜在湖北、湖南、贵州省以及重庆市的武陵山区海拔800米以下作一季中稻种植。

196. T优227

亲本来源：T98A（♀）湘恢227（♂）

选育单位：怀化隆平高科种业有限责任公司

品种类型：籼型三系杂交水稻

适种地区：湖南省海拔300～800米稻瘟病轻发的山丘区作中稻种植

怀化隆平高科种业有限公司用T98A与R227配组育成的三系迟熟杂交中稻组合（周新文等，2007）

2005年湖南审定，编号：湘审稻2005013

特征特性：该品种属三系中熟偏迟杂交中籼组合。在我省山丘区作中稻栽培，全生育期137天左右。株高109厘米左右，株型紧凑，分蘖力较强，叶片较窄长，叶色青绿，叶鞘、稃尖无色，谷粒长形，少量谷尖有短顶芒。省区试结果：每亩有效穗17万穗，每穗总粒数132.4粒，结实率84.1%，千粒重25.8克。抗性鉴定：叶瘟4级，穗瘟9级，感稻瘟病，耐寒性中等偏强；米质检测：糙米率80.5%，精米率70.6%，整精米率63.8%，粒长6.3毫米，长宽比2.8，垩白粒率38%，垩白度9.5%，透明度1级，碱消值5.5级，胶稠度66毫米，直链淀粉含量21.1%，蛋白质含量10.3%。

产量表现：2003年省区试平均亩产558.3千克，比对照金优207增产15.5%，极显著，日产4.12千克，比对照高0.25千克；2004年转组续试平均亩产539.6千克，比对照II优58增产3.08%，不显著，日产3.84千克，比对照高0.26千克；两年区试平均亩产549千克，日产3.98千克。

栽培要点：4月中旬播种，每亩秧田播种量12～15千克，每亩大田用种量1.2～1.5千克，秧龄30天以内，5.0～5.5叶期移栽，种植密度19.8厘米×23.1厘米，每蔸插2粒谷秧，施足基肥，增施磷钾肥，早施追肥，后期看苗追肥，浅水灌溉，及时晒田，干湿壮籽，不要脱水过早，注意防治稻瘟病等病虫害。

审定意见：该品种达到审定标准，通过审定。适宜在我省海拔300米以上800米以下稻瘟病轻发的山丘区作中稻种植。

197. 特优1012

亲本来源：龙特甫A（♀）测1012（♂）

选育单位：广西大学支农开发中心

品种类型：籼型三系杂交水稻

适种地区：广西南部作早、晚稻种植

2001年广西审定，编号：桂审稻2001015号

品种来源：广西大学支农开发中心利用龙特甫A与自育成的恢复系测1012配组而成的感温型迟熟组合。

特征特性：桂南早造种植全生育期125天左右，晚造115天，株型紧凑，分蘖力中等，茎秆粗壮，耐肥抗倒性强，但后期有早衰现象。株高110厘米左右，亩有效穗18万穗左右，每穗总粒140～160粒，结实率85%左右，千粒重27克，米质一般，叶瘟4级，穗瘟7级，白叶枯病3～7级。

产量表现：1998年早造参加自治区水稻新品种筛选试验，平均亩产486.7千克，比特优63（CK1）增产4.7%，比对照汕优桂99（CK2）增产12.8%；1999—2000年参加自治区区试，平均亩产分别为437.86和478.3千克，比对照特优63增产0.67%和8.6%。1998—2000年全区累计种植面积达15万亩，一般亩产500～550千克。

栽培要点：参照特优63进行。

制种要点：（1）选用特A原种并安排在夏秋季进行制种，父母本播差期时差为5天。（2）父母本行比以2 ∶ 14为宜。（3）母本始穗10%时始喷九二O，亩用量12克，分三次喷施。

自治区品审会意见：经审核，该组合符合广西水稻品种审定标准，通过审定，可在桂南作早、晚稻推广种植，也可在中稻地区推广种植。

198. 特优582

亲本来源：龙特甫A（♀）桂582（♂）

选育单位：广西农业科学院水稻研究所

品种类型：籼型三系杂交水稻

适种地区：可在桂南稻作区作早稻或桂中稻作区早造因地制宜种植，应注意稻瘟病、白叶枯病等病虫害的防治。

2004年晚造用恢复系桂582与龙特浦A测配（戴高兴等，2015）

2009年广西审定，编号：桂审稻2009010号

品种来源：龙特浦A× 桂582，桂582是选用带有广亲和基因

（Calotoc×02428）高代中间材料的优良单株为父本，以3550为母本进行有性杂交，采用系谱法选育而成。

特征特性：该品种属感温型三系杂交水稻。桂南早稻种植，全生育期124天左右，比对照特优63早熟2～3天。主要农艺性状（平均值）表现：株叶型紧凑，叶片浓绿，叶鞘、柱头、稃尖无色，剑叶挺直，每亩有效穗数16.5万，株高108.0厘米，穗长23.2厘米，每穗总粒数167.4粒，结实率82.6%，千粒重24.9克。米质主要指标：糙米率82.3%，整精米率70.9%，长宽比2.2，垩白米率96%，垩白度23.8%，胶稠度38毫米，直链淀粉含量21.6%。抗性：苗叶瘟5级，穗瘟9级，穗瘟损失指数42.8%，稻瘟病抗性综合指数6.5；白叶枯病致病Ⅳ型7级，Ⅴ型9级。

产量表现：2007年参加桂南稻作区早稻迟熟组初试，六个试点平均亩产510.23千克，比对照特优63增产6.08%；2008年复试，六个试点平均亩产551.78千克，比对照特优63增产9.23%（极显著）；两年试验平均亩产531.01千克，比对照特优63增产7.66%。2007—2008年在北流、平南、钦州等地试种展示，平均亩产564.7千克，比对照特优63增产8.07%。

栽培要点：（1）选用中高水肥田块种植。（2）适时播种和移栽：早造3月上旬播种，移栽叶龄4.5～5.0叶，抛秧叶龄3.5～4.0叶；亩插（抛）1.8万～2.0万蔸，每蔸插2～3粒谷秧。（3）肥水管理、病虫害防治等措施参照特优63等迟熟品种进行。

审定意见：经审核，该品种符合广西水稻品种审定标准，通过审定，可在桂南稻作区作早稻或桂中稻作区早造因地制宜种植，应注意稻瘟病、白叶枯病等病虫害的防治。